爱上自己，爱上孤独

徐伟宏 著

陕 西 新 華 出 版
太白文艺出版社·西安

图书在版编目（CIP）数据

爱上自己，爱上孤独/ 徐伟宏著. -- 西安 : 太白文艺出版社，2023.10
ISBN 978-7-5513-2164-8

Ⅰ. ①爱… Ⅱ. ①徐… Ⅲ. ①情绪－自我控制－通俗读物 Ⅳ. ①B842.6-49

中国版本图书馆CIP数据核字(2023)第090535号

爱上自己，爱上孤独

AISHANG ZIJI, AISHANG GUDU

作　　者　徐伟宏
责任编辑　白　静
封面设计　张　坤
版式设计　沈　存
出版发行　太白文艺出版社
经　　销　新华书店
印　　刷　河北赛文印刷有限公司
开　　本　880mm × 1230mm　1/32
字　　数　118千字
印　　张　6
版　　次　2023年10月第1版
印　　次　2023年10月第1次印刷
书　　号　ISBN 978-7-5513-2164-8
定　　价　39.80元

联系电话：029-81206800
出版社地址：西安市曲江新区登高路1388号（邮编：710061）
营销中心电话：029-87277748　029-87217872

卷首语

许多人恐惧孤独、逃离孤独，最终却掉入孤独的深渊。也许，那是因为我们并没有听见孤独的喃喃低语，其实，那才是指引我们走出青春的烦扰，实现内心安宁的幸福箴言。

霍德华·法斯特曾说过：“假如你在世界上是孤独的、完全孤独的，你就把这种孤独用作你的安慰和你的力量。”是啊，在人生的漫漫旅途中，孤独常常不请自来，无比熟稔地跟我们打招呼，仿佛是多年的好友一样。它总是不经意地出现，在广阔的田野上、在“行人欲断魂”的街头、在幽静的校园小路上、在深夜寂静的卧室……默享孤独，才能放慢自己前行的脚步，给心灵来一场愉悦的享受，带我们收获别样的风景。

当然，要想真的做到默享孤独，那就要先将孤独的负面定义去除。有人说，孤独是“既不爱人也不被人爱”的一种状态；有人说，孤独是人处于“不关心他人也不被他人关心”的人生“夹壁”；有人说……关于孤独的定义，总是负面的居多。因此大部分人想的不是默默享受孤独，而是逃离孤独。

其实，这本无可厚非。能够享受孤独，在孤独的宁静中起舞的人，必是早已看尽了繁华，看淡一切。但对有些人来说，孤独感可能就是长久伴随着他们生活的“主食”。比如那些远离人们生活中心的边疆哨所的战士、长期坚持在高山气象观测站工作的科技工作者、长期航行在茫茫大海的海员等等。他们远离亲人朋友，在工作之余没有与更多的人交流的机会，没有丰富多彩的精神生活，不免有时感到寂寞，感到孤独。

还有一种人，他们身处人群之中，但内心世界却与现实生活格格不入，造成“无形”的孤独。这种孤独就十分可怕了，因为它不是真正意义上的孤独，而是自我封闭，自我遗弃。

5年前，马丽失去了自己的丈夫，她悲痛欲绝。自那以后，她便陷入了一种孤独与痛苦之中。

“我该做些什么呢？”在她丈夫离开近一个月之后的一天晚上，她对朋友哭诉，“我将住到何处？我将怎样度过一个人孤独的日子？”

朋友安慰她说，她感到孤独是因为自己身处不幸的遭遇中，才50多岁便失去了自己生活的伴侣，自然令人悲痛异常，但时间一久，这些伤痛和孤独便会慢慢消失，她也会开始新的生活——在痛苦的灰烬之中建立起自己新的幸福。

“不！”她绝望地说道，“我不相信自己还会有什么幸福的日子。我已不再年轻，孩子们也都长大成人，成家立业。我孑然一身还有什么乐趣可言呢？”怀抱着这种孤独，马丽得了严重的自怜症，而且不知道该如何治疗。好几年过去了，她的情况一直都没有好转。

有一次，朋友忍不住对她说：“我想，你并不是要特别引起别人的同情或怜悯。无论如何，你可以重新开始自己的新生活，结交新的朋友，培养新的兴趣，千万不要沉溺在旧的回忆里。”

她没有把朋友的话听进去，因为她还在为自己的孤独自怨自艾。后来，她觉得孩子们应该为她的幸福负责，便搬去与一个结了婚的女儿同住。但结果并不如意，由于她的孤僻，她和女儿相处得很不愉快，甚至恶化到母女反目成仇。马丽后来又搬去与儿子同住，但也好不到哪里去。后来，孩子们只好一起买了一间公寓让她独住，但这更加重了她的孤独。

她对朋友哭诉道，所有的家人都弃她而去，没有人要她了……

其实，马丽的状况正是许多人都会遭遇的：陷入某种自己设定的情境中无法自拔，以至于在这个过程中渐渐疏远了

所有人，疏远了幸福的可能。

想来，大多有孤独感的人并不是自己情愿离群索居、孤身独守的。他们有的是在坎坷难行的人生路上遇到了痛彻肺腑的痛苦，因而或嗟叹人生艰难，埋怨命运不公，或痛恨世态炎凉，咒骂人心虚伪；有的是感到自己怀才不遇，知音难觅，得不到别人的理解，因而也不愿去理解别人，选择独处一隅，洁身自好；也有的是自己看不起自己，不相信自己，在人群中徒见别人风流潇洒、知识渊博，因而自惭形秽，不敢也不愿意与人交往……境遇各有不同，其结果却大致差不多：把自己置身于孤独的控制之下，陷入无边的伤感之中。

加州奥克兰的密尔斯大学校长林·怀特博士在一次晚餐聚会上，发表了一段极为引人深省的演讲，内容提到的便是现代人的孤独感：

> "20世纪最流行的疾病是孤独。用大卫·里斯曼的话来说，我们都是'寂寞的一群'。由于人口越来越多，人已汇集成一片汪洋大海，根本分不清谁是谁了……居住在这样一个'不拘一格'的世界里，再加上政府和各种企业经营的模式，人们必须经常由一个地方换到另一个地方工作——于是，人们的友谊无法持久，时代就像进入另一个冰河时期一样，使人的内心觉得冰冷不已。"

那些能克服孤独的人，好像一盏燃烧的煤油灯，火焰虽小，却仍能产生出光亮和温暖。在那种光亮下，别人会向你靠拢，幸福也会围绕在你身旁。

当然，也许对我们来说，最重要的是：即使周围没有人，那盏温柔的灯也会持续温暖我们自己，带我们在人生的各种境遇下——美满或是孤独，都能跳出最美的独舞！

寂寞需要排解，而孤独需要享受，本书让你学着享受孤独。愿你比别人更不怕一个人独处，愿日后谈起时你会被自己感动。

目录

第二章　有些寂寞微不足道

第三章　黑暗告诉我，世界美如斯

第四章　有太多行李，就不要开始一段旅程

第五章　每个人都在踽踽独行

第一章

打开心门，放出你心里的小孩

摸摸坏情绪的头，让它安静地睡去

控制自我情绪是一种重要的能力，也是人区别于动物的重要标志。人是理性的，而非依赖感情行事。不过，在生活中，很多人都没有能力很好地控制自己的脾气，而且常常会为了大大小小的事情勃然大怒或愤愤不平。

人内心的愤怒是由于对客观现实的不满而生出的，比如，遭遇失败、遇到不平、遭人反对、上当受骗、个人自由受限制、无端受人侮辱、隐私被人公开等。表面看起来，愤怒是由于自己的利益受到侵害或者被人攻击和排斥而激发的保护自己的行为。其实，用愤怒的情绪困扰自己，乃是一种自我伤害。

愤怒对身体的伤害只是其中一个方面，它对心灵的摧残尤为严重。由心而生的愤怒情绪，又回过头来伤害自己，让心灵变得躁动不安，失去原有的宁静和提升自己的精力和时间，这是一种自戕。

我们常常让愤怒占据了大部分的心灵空间，让心灵负载着重担，无法观照自身，更不能得到任何的提升，反而在愤怒情绪的支配下容易丧失理智，甚至是远离人的智慧，接近于动物的蒙昧和愚蠢。

但是，让我们愤怒的人与事依然故我，他们继续放肆；我们却因为愤怒而无法专注于眼前的工作，也没能很好地履行自己的职责；我们只顾着愤怒，而无暇体验生命中原本存在的美和善。

有一位得道高人曾在山中生活三十年之久，他平静淡泊，兴趣高雅，喜欢参禅悟道，也喜爱花草树木，尤其喜爱兰花。他的家中前庭后院栽满了各种各样的兰花，这些兰花来自五湖四海，全是年复一年积累的。大家都说，兰花就是高人的命根子。

这天，高人有事要下山去，临行前当然忘不了嘱托弟子照看他的兰花。弟子一盆一盆地认认真真浇水，等到最后轮到那盆兰花中的珍品——君子兰时，弟子更加小心翼翼了，这可是师父的最爱啊！也许浇了一上午花有些累了，他越是小心翼翼，手就越不听使唤，水壶滑下来砸在了花盆上，连花盆架也碰倒了，整盆花摔在了地上。这下可把弟子给吓坏了，愣在那里不知该怎么办才好，心想：师父回来看到这番景象，肯定会大发雷霆！他越想越害怕。

下午师父回来了，他知道了这件事后一点儿也没生气，而是平心静气地对弟子说了一句话：“我并不是为了生气才种兰花的。”

弟子听了这句话，紧张的心放了下来，也明白了师父这句话的深意。

不管经历何种事情，我们都要学会和自己的坏情绪相处，在脉搏加快跳动之前，凭借理智平静自己的内心，更好地控制自己。

想一想，如果犯错是由于某种不可控的因素，我们为什么还要生气或愤怒呢？如果不是这样，那么犯错一定是由于善恶观的不正确。我们看到了这一点，说明在善恶观的问题上，我们比犯错的人更理性，更能辨明是非黑白。对于他们，我们只应有怜悯之情，不应有一丝愤怒。对于犯了错的人，尽己所能平静地劝诫他们，把他们当成生病的人去医治，没有必要生气，心平气和地告诉他们错误之处，然后继续做你该做的事，履行自己的职责。

我们痛苦的源头不在别处，正是自己心中那些愤怒、气闷等坏情绪，并不是别人那些令人发指的行为。控制自己的情绪，从而避免让心灵受到伤害，是完全在我们所能及的范围之内的。

我们常常会听到有人这样说：“我生气了，别怪我发脾气！”或“我也不想发脾气，但我就是控制不了自己的情绪”。对于这样的人，很多佛学大师建议他们通过诵经礼佛安抚自己的情绪，也可以通过读书明理来开解自己。

现在有很多人对生活有这样那样的不满，稍不顺心就会大发雷霆。其实静下心来想想，愤怒对我们的人生有什么益处呢？当你生气时，既会伤害别人，也会伤害自己。愤怒就好比一柄利剑，剑锋所向会划伤幸福。又好比在别人的心墙上钉钉子，钉子可以拔掉，可是留下的洞却再难填平。你的每一次生气或发怒，都是在你的心灵上横了一道道沟壑，从而离幸福的天堂越来越远。

其实，天堂和地狱就在我们的一念之间，关键是要控制自己的情绪，不要像那夕阳西下时的晚霞，虽然燃烧出一片晃眼的灿烂，最终却被黑夜吞噬。其实，如果一个人能够从心底里认识到随意放纵情绪的坏处，就不会总是怨天尤人、情绪失控了。

很久以前，有一个年轻人，每次生气或与人起争执的时候，就以最快的速度跑回家去，绕着自己的房子和土地跑三圈，然后坐在田边喘气。他工作非常勤奋努力，他的房子越来越大，土地也越来越多，但不管他多么富有，只要生气时，他还是会绕着房子和土地绕三圈。为什么他从来不会暴跳如雷呢？大家都很奇怪。

许多年过去，他已不再年轻。当心情不愉快的时候，他还是一如既往地拄着拐杖艰难地绕着房子、土地走完三圈。他的孙子在身边恳求他："爷爷，您年纪大了，这附近也没有人比您的土地更多，您何必这么辛苦呢？"

他笑了笑，说出隐藏多年的秘密："年轻时，每当我生气、郁闷，就绕着房子、土地跑三圈，边跑边想，我的房子这么小、土地这么少，我哪有时间、哪有资格去跟人家生气呢？一想到这儿，我的气就消了。于是我就把所有的时间用来努力工作。到了现在，我一生气，就会一边走一边想，我的房子这么大、土地这么多，又何必跟人计较呢？这样，我的心又平静下来。我从来不会浪费时间去愤怒或沮丧，所以每一天都能过得很快乐。”

我们可以看出故事中的这位老人深谙生活的智慧。在生活中，只要与人打交道，就自然会有各种负面情绪滋生，假如任由坏情绪控制自己，人生将变得毫无乐趣。被愤怒控制，会因冲动铸成大错；被烦躁控制，会坐立不安，一事无成；被忧伤控制，会日渐消沉，看不到生活的希望。为什么不学会与我们的坏情绪和解呢？

生活中许多事情都不是我们能左右的。在面对那些让我们不愉悦的事情时，我们可以先转移自己的注意力，唤回失去的理智和信心。唱一首歌、读一本书，让优美动听的歌曲或温柔而有力量的文字唤起你美好的回忆，引发你对未来的憧憬。

当坏情绪冒出来时，我们要摸摸它的头，让它安静地睡去，也让自己的心不再成为情绪的垃圾场，能够每时每刻都用一颗宽容、豁达的心去面对世间的人与事，得到梦寐以求的和悦宁静。

练就一颗平和之心，不奢求绝对的公平

这个世界不是根据公平的原则而创造的。譬如，鸟吃虫子，对虫子来说是不公平的；蜘蛛吃苍蝇，对苍蝇来说是不公平的；豹吃狼、狼吃獾、獾吃鼠……只要看看大自然就可以明白，这个世界并没有绝对的公平。

人类社会自然也遵循着这样的法则。比如现在的就业难问题，很多拥有高学历的人在找工作时还不如低学历的技术人才有竞争力。参照他们的寒窗苦读所花费的财力和精力，这样的现状就是一种不公平。而能够及时摆脱“不公平心理阴影”的人，才能更快地在职场上获益。

文云大学毕业后在一家小公司里谋得一份业务员的工作，她的上司们都比她的学历低。其中一个心胸狭窄的上司老是

找碴，对她颐指气使。好朋友听说了她的状况后很为她鸣不平。但文云并不计较，因为她懂得：一个人只有把自己归零，用一颗平常心学会忍耐，才能在这个社会上立足，才会取得事业的发展。面对刁钻的同事和无理取闹的客户，她时刻提醒自己：我是在学习，我要坚持。她咬紧牙关，忍受着各方面的压力，在一次次的挫折中总结经验，积攒力量。两年后，凭借着出色的业务能力和坚忍的态度，她成为该公司的业务经理。

当我们意识到或承认生活并不公平时，我们往往会自怨自艾，而自怨自艾是一种于事无补的情绪，它只能令人感觉更糟。我们不能完全改变世界的不公平，但我们可以改变自己的态度。面对生活中的种种不公，关键就在于你能否以一颗平常心去面对。

承认不公平的一个好处便是能激励我们去尽己所能，而不再自我伤感。我们承认不公平的这一客观事实，并不意味着一切消极的开始，正因为我们接受了这个事实，我们才能放平心态，找到属于自己的人生定位。认清现实是第一步，接受现实是第二步，然后才有改变现实的可能。在这个过程中，抱怨与不满只会增加你获得成功的成本与时间。所以初入职场的人，与其把时间与精力浪费在要求公平上，不如自我突破，通过努力变成制定规则的人。

平淡不是平凡，更不是躲进深山求一己之乐，真正的平淡，是在选定了人生的道路后，向前跋涉的畅然而坚定的心情。你已不用为做出最后的抉择而苦恼，不用为看不到明天的朝阳而烦躁，你知道自己想要的是怎样的人生景色，也为看到这样的景色做好了全部的准备，这不是佛家看破红尘的自我安慰，也不是道家逍遥游的离世之心，而是对自己所要达到目标的确定。

果园的核桃树旁边长着一棵桃树。它的嫉妒心很重，一看到核桃树上挂满了果实，心里就觉得很不是滋味。“为什么核桃树结的果子要比我的多呢？”桃树愤愤不平地抱怨着，“我有哪一点不如它呢？老天爷真是太不公平了！不行，明年我一定要和它比个高低，结出比它还要多的桃子！让它看看我的本事！”

“你不要无端嫉妒别人啦！”长在桃树附近的老李子树劝诫道，“难道你没有发现，核桃树有着多么粗壮的树干、多么坚韧的枝条吗？如果你也结出那么多的果实，你那瘦弱的枝干能承受得了吗？我劝你还是安分守己，老老实实地过自己的日子吧！”

自傲的桃树可听不进李子树的忠告，嫉妒心蒙蔽了它的耳朵和眼睛，不管多么有理的规劝，对它都起不到任何作用。桃树命令它的树根尽力钻得深些、再深些，要它紧紧地咬住大地，把土壤中能够汲取的营养和水分统统都吸收上来。它还命令树枝要使出全部的力气，拼命地开花，开得越多越好，而且要让所有的花朵都结出果实。

它做到了，第二年花期一过，这棵桃树浑身上下密密麻麻地挂满了桃子。桃树高兴极了，它认为今年可以和核桃树好好比个高低了。

桃子的分量一天天加重了，渐渐地，桃树的树枝、树杈都被压弯了腰，连气都喘不过来了。它们纷纷向桃树发出请求：赶快抖掉一部分桃子，否则就要承受不住了。可是桃树不肯放弃即将到来的荣耀，它下令树枝与树杈要坚持住，不能半途而废。终于有一天，不堪重负的桃树发出一阵哀鸣，紧接着就听到咔嚓一声，树干齐腰折断了。尚未完全成熟的桃子滚落了一地，在核桃树脚下渐渐地腐烂了。

桃树的教训在于不自量力，缺乏自知之明。桃树的教训是深刻的，它的诱因在于嫉妒心，其根源在于缺少平淡之心。拥有平淡之心，你也就拥有了人格魅力，也就能“任云卷云舒去留无意”。平淡心是一颗宠辱不惊的心，它能够使你视金钱如粪土，视功名为过眼烟云。

不以物喜，不以已悲。工作本来极为平常，以平淡心视之，则利于敬业不衰，充分发挥自身潜力。理性地对待生活的折磨和历练，不虚无，认真生活，做好当下每一件具体的事情。

一只蚂蚁满头大汗地爬行在通往山顶的路上，它要去看日出。为了实现这个愿望，这只蚂蚁已经在路上走走停停地爬行了半年多，对它来说，这已经是最快的速度了，但是蚂蚁还是不满意这个速度，它希望自己更快些，它一定要在有生之年完成看日出的心愿。

正在这只蚂蚁急匆匆地向前爬行之际，一条蚯蚓来到了它的身边，这条蚯蚓看上去神情自若，蚂蚁问它：“这么早，你出来是有什么急事吧？”

蚯蚓说道："是啊，我是有急事，我得在中午之前挖一条三百米的通道。""可是我看你好像一点儿也不着急的样子。"蚂蚁疑惑地问道，随后说出了自己此行的目的。

蚯蚓听后，哈哈一笑，说道："你这样做，说不定心愿没达成，自己的生命却被白白耗掉，到头来可能连欣赏沿途风光的机会也没了。这不是得不偿失吗？其实太阳每天都会升起，又何必急于一时，把现在的事情做好就行了，今天爬一百米，明天爬一百米，不要急于求成，充分享受每一天的爬行过程。你看我，虽然今天任务繁重，但其实我昨天已经挖完了一百米的通道，我这么早出来，其实是为了呼吸清晨的新鲜空气，你没闻到吗？"蚂蚁摇摇头。

近现代哲学家牟宗三先生说过，君子行为端正，言行一致，立鲲鹏之志而不奢求，展宏图大业而稳健，是为大智。大智的人往往生活平淡，心安人静，却依然能做出大事情来，这是因为他们有自己独特的人生观，不媚俗，懂追求，不以世俗的观念影响自己的选择。牟先生由此指出，圣人以东为东，以西为西，就是把原本简单的看成简单的，原本复杂的做成简单的，而世人之所以活得累，其根本就在于将简单的事情想得复杂，做得复杂，从而自我设限，以至于平淡的生活最终成了平庸的生活。

有很多人在执着地追求平淡的生活，希望自己能享受心灵的宁静、田野的芬芳和生活的美好，但是他们往往习惯于像那只蚂蚁一样拼命向前爬行，流干了汗水，蹉跎了岁月，在毫无章法的空耗中错过了清晨的鸟语花香，人生若是被空空无用的奔波填满，又何来平淡可言？要真正做到平淡，除了在通往自身理想的路途中抛弃杂念，专注一处，更需要规划好自己的人生，掌控好每一次的步伐。平淡是一种自我超越，是对自己有清醒认知的生活智慧，这种平淡是一种意境，更是一种生活方式。

宁静是一种心态，是生命盛开的源泉。宁静在心，在于修身养性。宁静无处不在。只要有一颗宁静之心，高朋满座时，不会忘乎所以；曲终人散时，不会郁结于心。成功之时，不得意忘形；失败之时，不心灰意冷。保持一颗宁静的心，不为纷繁的事务所扰，也许会胜过劳累的追逐。

平淡心不是“看破红尘”，也不是消极遁世。平淡心是一种境界，平淡心是一种积极的心态。以平淡心观周遭的一切事情，则没有值得让我们心焦的事。

相信自己的梦想，坚定自己的选择

我们生而为人，就自然有自由梦想的权利，更有去追求与进取的权利。不管是什么看似高尚的原因，都不足以成为你抛却理想、梦想的理由。唯有相信自己的梦想，并坚定自己的选择，才能有机会冲破艰险，排除万难，走向成功。

一位哲人曾这样说过：“很难说世上有什么做不了的事，因为昨天的梦想，可以是今天的希望，并且还可以是明天的现实。”

梦想是什么呢？梦想是对美好未来的向往与追求，它在我们的生命中是不可或缺的。没有泪水的人，他的眼睛是干涩的；没有梦想的人，他的世界是黑暗的。

梦想对一个人是很重要的，一个没有梦想的人，就像断了线的风筝一样，没有任何的方向和依靠；就像大海中迷失了方向的船，永远都靠不了岸。梦想可以使我们有希望，梦想可以使我们保持充沛的想象力和创造力。

要想成功，必须要有梦想。要坚定自己的梦想，因为你的梦想往往决定了你的人生。

一位成功人士回忆他的经历时说："小学六年级的时候，我考试得了第一名，老师送我一本世界地图册，我好高兴，跑回家就开始看这本世界地图册。很不幸，那天轮到我为家人烧洗澡水。我就一边烧水，一边在灶边看地图，看到一张埃及地图，想到埃及很好，埃及有金字塔、有埃及艳后、有尼罗河、有法老王、有很多神秘的东西，心想长大以后如果有机会我一定要去埃及。

"我正看得入神的时候，突然有一个大人从浴室冲出来，胖胖的，围一条浴巾，用很大的声音对我说：'你在干什么？'我抬头一看，原来是我爸爸。我说：'我在看地图！'爸爸很生气，说：'火都熄了，看什么地图！'我说：'我在看埃及的地图。'我父亲跑过来啪啪给我两个耳光，然后说：'赶快生火！看什么埃及地图！'打完后，便朝我的屁股踢了一脚，把我踢到火炉旁边去，用很严肃的表情跟我讲：'我给你保证，你这辈子不可能到那么遥远的地方去！赶快生火！'

"我当时看着我爸爸，呆住了，心想：'我爸爸怎么给我这么奇怪的保证，真的吗？我这一生真的不可能去埃及吗？'二十年后，我第一次出国就去了埃及，我的朋友都问我：'到埃及干什么？'那时候还没开放观光，出国是很难的。我说：'因为我的生命不要被保证。'于是我就自己跑到埃及旅行。

“有一天，我坐在金字塔前面的台阶上，买了张明信片寄给我爸爸。我写道：‘亲爱的爸爸：我现在在埃及的金字塔前面给你写信。记得小时候，你打了我两个耳光，踢了我一脚，保证我不能到这么远的地方来，现在我就坐在这里给你写信。’写的时候我的感触很深。我爸爸收到明信片时跟我妈妈说：‘哦！这是哪一次打的，怎么那么有效？一脚就把他踢到埃及去了。’”

俄国文学家列夫·托尔斯泰说：“梦想是人生的启明星。没有它，就没有坚定的方向；没有方向，就没有美好的生活。”

梦想能激发人的潜能。心有多大，舞台就有多大。人是有潜力的，当我们抱着必胜的信心去迎接挑战时，我们就会挖掘出连自己都想象不到的潜能。如果没有梦想，潜能就会被埋没，即使有再多的机遇等着我们，我们也可能会错失良机。

有了梦想，还要坚持下去。如果半途而废，那和没有梦想的人也就没有区别了。如果你能够不遗余力地坚持，就没有什么可以阻止你的理想的实现。

梦想是前进的指南针。因为心中有梦想，我们才会执着于脚下的路，坚定自己的方向不回头，不会因为形形色色的诱惑而迷失方向，更不会被前方的险阻而吓退。

美国诗人朗费罗说：“在人生的道路上，当你的希望一个一个落空的时候，你也要坚定，要沉着。”耐得住寂寞，是成功的一个过程。沉得住气，在波澜不惊中保持勇猛精进的态度，在低调平实中饱含积极进取的决心。

要努力将不顺的事情转化为正面的能量，将其变成一种学习。其实，人生中最困难的选择都不是我们自己做出来的，是时间在帮我们做决定，带领我们自然而然地走向结果，所以，很多事情都是未来无可期，没有定论的。不过，既然什么结果都有可能，我们为何不从现在开始努力，让事情朝着一个最好的方向前进呢？

这个世界和社会给了我们很多价值观、很多期待、很多条条框框，大部分人都会循规蹈矩地跟着走下去，丝毫不敢越界，不敢和别人不一样。扪心自问，这样真的会快乐吗？

梦想是一盏指路的明灯，没有梦想，就没有坚定的方向；没有方向，生活也会失去乐趣。请确立自己远大的梦想吧，并坚定不移地相信自己的梦想一定会实现，这样会增加获得幸运的可能！

让我们从内心深处为自己创造一个属于自己的梦想吧。当你找到梦想后，就要沉下心来，守住内心的宁静，守住心底的那片寂寞，淡泊名利，坚定向前，这样的人生才能走得稳、走得远。

一路行走，一路花开

贪婪、愚昧、虚荣……这都是人性的阴暗面，是我们晴朗心空里的“云翳”，它们往往遮蔽、束缚住我们，使我们不能一目千里。但这些局限的“云翳”也不是只能造成不好的结果，我们若能认识自己的“局限”，善加利用，反而能从中观悟出更广阔的境界，到时，云翳汇聚成的就是一个美丽的黄昏。

一位挑水夫有两个水桶，分别吊在扁担的两头，其中一个水桶有裂缝，另一个则完好无缺。在每趟长途的挑运之后，完好无缺的水桶，总是能将满满一桶水从溪边送到主人家中，但是有裂缝的水桶到达主人家时，却往往只剩下半桶水了。

两年来，挑水夫就这样每天挑一桶半的水到主人家。当然，好水桶对自己能够送满整桶水感到很自豪。破水桶呢？对于自己的缺陷则十分羞愧，它觉得自己只能负起一半的责任，因此非常难过。

一段时间后，破水桶终于忍不住了，它在小溪旁对挑水夫说："我很惭愧，我必须向你道歉。"

"为什么呢？"挑水夫问道，"你为什么觉得惭愧？"

破水桶回答："过去两年，因为我这边一路漏水，我只能送半桶水到你的主人家，我的缺陷使你做了全部的工作，却只收到一半的成果。"

挑水夫却不以为意，他说："这样吧，以后我们回主人家的路上，你多留意一下路旁盛开的花朵。"

果真，他们走在山坡上，破水桶眼前一亮，看到许多缤纷的花朵沐浴在阳光下，开满路的一旁，这景象使它开心了很多！但是，走到小路的尽头，它又难受了，因为一半的水又在路上漏掉了！破水桶再次向挑水夫道歉。

挑水夫温和地说："你有没有注意到小路两旁，只有你的那一边有花，好水桶的那一边却没有花呢？我明白你有缺陷，因此我善加利用，在你那边的路旁撒了花种，每当我从溪边挑水过来，你就替我一路浇了花！这段时间，这些美丽的花朵装饰了主人的餐桌，我也受到了主人的奖赏。这都是你的功劳呀！我谢你还来不及，你为什么还要向我道歉呢？"

每个人都有缺点、局限，这是无法避免的。人与人成就的不同，就在于如何面对这些局限。最笨的方法是选择逃避、否认自己的局限；聪明一点的方法是选择取长补短，或是努力改正；最具智慧的就要数挑水夫这样的人了，他找到了局限的潜在能量，并充分利用起来。

当今社会，人与人之间、公司与公司之间的竞争，说到底是一种资本的博弈。只是，这种博弈从来就没有固定的评判标准，金钱、人脉、信誉、证书、作品等，都可以作为博弈的资本，但这些是每个人或多或少都具有的资本，而我们的局限、缺点、短板等，却是一座座尚待开发的金矿。一个人若能充分利用好自己的优点、缺点或长处、短处，就能在这场博弈中独占鳌头。

我们都听说过“木桶原理”：一只木桶盛水的多少，并不取决于桶壁上最高的那块木板，而恰恰取决于桶壁上最矮的那块。这个原理看似很有道理，也能激发我们改正缺点、弥补自身的短板，但同时它也束缚住了我们的手脚和眼界，木桶的作用被我们局限在“装水”这一单一的功用里，因此我们需要不断加高矮木板，好让它装更多的水。可是，当我们把所有木板都加到最高时，是不是反而限制住了它的其他功用呢？比如浇水、养花、装饰等。这样看来，我们其实是在通过努力弥补自己的局限来造就一个更大的局限。

我们不妨去学学那个挑水夫，若是挑水饮用，就拿个完整的水桶，若是挑水浇花，就选个“残破”的水桶。不要把水桶仅仅当成一个运输工具，它还可以用来浇灌；也不要把人生仅仅当成一个积累的过程，它也可以中途放弃，从头再来。小有名气的画家陈天青、李熹平都是从六十岁才开始学画的，一般人觉得不可思议：人老体衰，记忆力也减退，哪儿还能从头开始学习艺术创作呢？但他们正是因为经历了时光的洗刷、岁月的沉淀，使得自己的每次下笔都比年轻人更加稳重、精妙，也更接近艺术的厚重感，所以反而更能取得突破，他们达到的是“何山路不通”的境界。

故事里残破的水桶成就了一路的美丽芬芳，实现了属于自己的价值。这启发我们：残缺也是一种美丽。正如断臂的维纳斯，成就了她独特的魅力;《红楼梦》的残缺，引众多学者研究一生；圆明园的残缺，让人在残垣里感慨历史的变迁……

我们的心空是否晴朗，我们的青春是否从容自在，有时就取决于我们对自身局限的看法和运用。正如有首诗中所说：“愿你生命中拥有足够多的云翳，好造成一个美丽的黄昏。”弘一法师也曾说：“人生多艰，不如意事常八九，吾人于此当镇定精神，胸中必另有一番境界。”这句话说的也是这个道理：于不如意处镇定精神，胸中的境界才能有所突破；于自身局限处止息浮躁，人生的境界才能有所提升。

你失去的，或许会以另一种方式拥有

很久以前，在伊朗（当时叫波斯）执政的沙阿国王很想按照法国模式建一座宫殿，其中要造一个镜子大厅，像凡尔赛宫中在墙壁上嵌满镜子的大厅一样。

当装满镜子的箱子运到时，建筑师亲手打开了第一个箱子，发现那些非常高大的镜子全碎了；他又打开第二个箱子，也是碎的；第三个，第四个……所有箱子里的玻璃镜都碎掉了！沙阿国王的愿望似乎实现不了了。

看到这种情况，建筑师起先也感到绝望。他思索再思索，想尽一切可能弥补的方法，似乎都不大可能。突然，他灵机一动——破碎的镜子也有再利用的价值。他振作起来，拿起锤子把所有的镜子都敲碎成一个个小小的碎片，这样就可以连柱子也嵌上镜子了。当宫殿完工后，这个镜子大厅甚至比凡尔赛宫的样子还漂亮，沙阿国王高兴极了。

别为打碎的镜子哭泣。逆境有的时候也会变成机会，须知“山重水复疑无路，柳暗花明又一村”，看似绝路的逆境，说不定一个转身，我们就能发现通往希望的一线生机，主要在于我们有没有强大的意志经受住多次失望的打击，有没有发现生机的眼睛。

西方有一种说法：上帝为你关上了一扇门，定会为你留下一扇窗。当门被关上的瞬间，孤立无援、失望无助的心情会充斥我们的心，这是正常的。有些人或许会因此崩溃，有些人或许会怨天尤人，控诉上帝为何如此不公，怨恨命运为何如此捉弄人，有些人或许在悲伤过后，背上行囊，收拾心情，主动去寻找那扇小窗。是的，我们并不是没有出路的啊，上帝还为我们留了一扇窗，虽然它不大、不显眼，需要有心的人们细心地寻找，但是逆境只是暂时的，它只是人生的一段插曲，它可以在我们的坚强意志下，演奏成一段惊心动魄、余音绕梁的乐章，它或许会演变成我们人生最珍贵的一次经历。我们何不借此机会，勇敢地在逆境中站起来，化悲伤为动力，寻找人生的机遇呢？

普希金处于被沙皇流放的日子里，眼看着国内战火纷飞，自己却与世隔绝，无法投身于革命，但他并没有自怨自艾，沉溺在逆境中找不到生活的方向，也没有丧失生活的斗志和信心，还写出《假如生活欺骗了你》一诗与世人同勉：

假如生活欺骗了你，不要忧伤，不要心急，忧郁的日子里须要镇静：相信吧，快乐的日子将会来临。

心儿永远向往着未来，现在却常是忧郁。一切都是瞬息，一切都将会过去，而那过去了的，就会成为亲切的怀恋。

他乐观、积极向上的态度鼓舞着他的族人，他用文学这一种形式参与革命，上帝关上了他亲自上战场投身革命的门，却为他留下用手中这支笔进行斗争的窗。

人生在世，谁能不经历挫折，谁不曾陷入逆境，谁没有错失机会？我们不能保证一生都走平坦大道，但我们要有把曲折小道走成平坦大路的勇气。

镜子碎了，无法如愿用大镜子建成镜子大厅，原定通往目标的坦途出现了坎坷，但我们不能总是抱着一堆镜子碎片哭泣，而不寻求解决的方法。正如我们身处逆境之时，要思考的是怎么扭转这种不利的形势，而不是在痛苦悲伤中耗尽自己的能量。

那我们该如何在逆境中学会扭转这种不利的形势呢？我们要学会审时度势，在把握了时势环境后蓄势待发，最终扭转时势。漫步人生之路，我们总是在人与环境相生相斥的过程中不断前进，相生则为顺境，相斥则为逆境。真正的强者，能够居安思危，在顺境中发现阴影，在逆境中发现光亮，不因幸运而故步自封，不因厄运而一蹶不振。

须知道，逆境是绝对的，顺境是相对的。别跟自己过不去，在逆境中微笑一下。中国的哲人常说“不破不立”，打碎的镜子中也会藏着让你意想不到的机会，而你在人生中的失落，也将会从另一处以另一种方式全部找回。

打开心门，放出你心里的小孩

曾在某一个瞬间，我们都以为自己长大了，以为自己懂得了生活的真谛，然后回过头去嘲笑日记本里“胡言乱语”的自己。但是终有一天，我们会发现，长大的含义除了欲望和世故，还有勇气、责任、坚强以及某些必须的牺牲。在生活面前，我们还都是稚嫩的孩子，我们从未长大，因为我们还不懂爱和被爱。

其实，为什么一定要强调长大呢？爱和被爱，感知温暖和美丽，永远都是小孩子最在行的事啊！当我们在忙碌的城市生活中丢了心里的那个小孩，不急着去找回他，却安然将眼前的冷漠与麻木称为成熟和长大，不得不说，我们实在聪明得过分，也愚笨得可以！

一辆公共汽车在林肯公园里行驶了几公里，可是谁都没有朝窗外看。乘客们穿着厚墩墩的衣服在车上挤作一团，全都被单调的引擎声和车厢里闷热的空气弄得昏昏欲睡。

谁都没作声。这是在伦敦搭车上班的不成文规矩之一。虽然约克每天碰到的大都是这些人，但大家都宁愿躲在自己的报纸后面。此举所象征的意义非常明显：彼此在利用几张薄薄的报纸来保持距离。

公共汽车靠近一排闪闪发光的摩天大厦时，一个声音突然响起："注意！注意！"报纸哗啦啦作响，人人抻长了脖颈。

"我是你们的司机。"

车厢内鸦雀无声，人人都瞧着那司机的后脑勺，他的声音很有威严。

"你们全都把报纸放下。"

报纸慢慢地被放了下来。司机在等着。乘客们把报纸折好，放在大腿上。

"现在，转过头去，面对坐在你旁边的那个人。转啊。"

使人惊奇的是，乘客们全都这样做了。但是，仍然没有一个人露出笑容，他们只是盲目地服从。

约克面对着一个年龄较大的妇人。她的头被红围巾包得紧紧的，他几乎每天都看见她。他们四目相对，目不转睛地等候司机的下一个命令。

"现在跟着我说……"那是一条用军队教官的语气喊出的命令，"早安，朋友！"

他们的声音很轻，很不自然。对其中很多人来说，这是今天第一次开口说话。可是，他们像小学生那样，齐声向身旁的陌生人说了这四个字。

约克情不自禁地微微一笑，完全不由自主。他们松了一口气，知道不是被绑架或抢劫。而且，他们还隐约地意识到，以往他们怕难为情，连普通问候也没有去做，现在这腼腆一扫而空。

“早安，朋友。”说起来一点也不困难。有些人跟着又说了一遍，也有些人握手为礼，许多人都大笑起来。

司机没有再说什么。他已经无须多说。没有一个人再拿起报纸。车厢里一片谈话声，你一言，我一语，热闹得很。大家都听到了欢笑声，一种以前在公共汽车上从未听到过的温情洋溢的声音。

在匆忙而冰冷的城市里，这样的公交也许是每个人都愿意乘坐的吧。其实，“狡猾”的司机也许只是忍受不了人们日复一日的冷漠和麻木，想帮他们透一口气罢了。而这一口新鲜而温暖的空气，足以让他们呼吸很久，很久……

其实，这样的场景在我们的生活中随处可见。办公室里、马路上、超市里，甚至家里，我们对许多抬头不见低头见的人习惯性地“视而不见”，习惯性地拿起手机，习惯性地将眼睛埋在冰冷的屏幕里，而不是人们鲜活的脸庞上、悦耳的声音里。也就是在这样的日复一日里，我们渐渐失去了“问候”和“微笑”的能力，更不用说发现生活里每个精彩动人的画面了。

我们早已忘了如何像孩子一样去看待这个精彩纷呈的

世界。

一个六岁的小女孩问妈妈："花儿会说话吗？"

"噢，孩子，花儿如果不会说话，春天该多么寂寞，谁还对春天左顾右盼？"

小女孩满意地笑了。

小女孩长到十六岁，问爸爸："天上的星星会说话吗？"

"噢，孩子，星星若能说话，天上就会一片嘈杂，谁还会向往天堂静谧的乐园？"

小女孩又满意地笑了。

女孩长到二十六岁，已是个成熟的女性了。一天，她悄悄地问做外交官的丈夫："昨晚的宴会上，我表现得得体吗？"

"棒极了，亲爱的！"外交官不无欣赏和自豪之情，"你说话的时候，像叮咚的泉水、悠扬的乐曲，虽千言而不繁；你静处的时候，似浮香的荷、优雅的鹤，虽少语而传千言……亲爱的，能告诉我你是怎样修炼的吗？"

妻子笑了："六岁时，我从当教师的妈妈那儿学会了和自然界对话。十六岁时，我从当作家的爸爸那儿学会了和心灵对话。在见到你之前，我从哲学家、史学家、音乐家、外交家、农民、工人、老人、孩子那里学会了和生活对话。亲爱的，我还从你那里得到了思想、智慧、胆量和爱！"

是啊，生活里处处都有美丽的风景，身边的每一个人也都有他可爱的地方，我们只需要像孩子似的打开心门，侧耳倾听，这个世界就会尽情地为我们高歌欢语，低唱浅吟……

去爱世界，也给它爱你的机会

很多人都听过这样一个故事：一个老人在高速行驶的火车上，不小心把刚买的新鞋从窗口掉了一只，周围的人倍感惋惜，不料老人立即把第二只鞋也从窗口扔了下去。这举动更让人大吃一惊。老人解释说："这一只鞋无论多么昂贵，对我而言已经没有用了，如果有谁能捡到这一双鞋子，说不定他还能穿呢！"

这个慈爱的老人，就是圣雄甘地。

当然，我们无法要求每个人都像甘地一样永远心怀悲悯之心，将所有人都当作自己的孩子。但是，我们有一样东西一定要向他学习，那就是一颗"会爱的心"。当我们第一次睁开眼看到这个处处都充满奇迹的世界时，我们的内心是喜悦而满足的。虽然我们并不知道为什么会有这么美好的世界存在，但我们只要用心去感受，就能发现一切是如此奇妙与温暖，包裹着我们的一切都给我们带来了满足和安全感。

这种感受如果能够持久，就叫爱，也叫感恩。爱和感恩本来就是我们最初感知世界的方式，也是我们最初的生活方式。当我们感受到从五彩的云朵中升起的充满生机的太阳、炎热的夏天不经意拂来的习习微风、蔚蓝辽阔的天空上缓缓游动的白云、波光粼粼的湖面上安详地游泳的水鸟……我们会自然而然地爱上它们，并心怀感激。这种爱的感激还会让我们在面对每个人、每件事物时，都变得轻柔而温暖。

当然，并不是每个人生来都能安然地享受这样的美好，所以，并不是每个人都会自然而然地去爱，去感激。可是，倘若一个人在遭受了常人难以忍受的折磨后，仍然能对一切心怀感恩，那我们还有什么理由不这么做呢?

“我的手指还能活动，我的大脑还能思考，我有终生追求的理想，我有爱我和我爱着的亲人与朋友。”——在一座金碧辉煌的大厅里，当代科学大师霍金的学术报告刚刚结束，听众还沉浸在那闪烁着思想火花的精彩绝伦的报告当中，一名记者对霍金提出了这样的问题:“霍金先生，你已经因为疾病被永久固定在轮椅上，你不认为命运让你失去了太多了吗?”霍金脸上充满微笑，用他还能活动的3根手指，艰难地叩击键盘后，显示屏上出现了前面的那句话。最后，霍金又艰难地打出了一句话:“对了，我还有一颗感恩的心！”

多么可贵的感恩之心！也许，正是这颗饱尝苦难却依然纯净的、会爱的心，才让霍金不断发现宇宙最深的秘密。这个世界就是这样，你懂得了去爱，也就收获了被爱的机会。用特蕾莎修女的话也许更温暖而深刻，那就是："一切的一切，都不是你和他人的事，而是你和上帝之间的事。"

特蕾莎修女瘦弱而文静，满脸皱纹的她也许算不上什么美人，但美丽的戴安娜王妃在见到她时，却自惭形秽。1997年9月，当她去世之后，印度政府破例为她举行了国葬，全国哀悼两天。成千上万的人冒着大雨走上街头，为她的离去流下悲伤的泪水。

特蕾莎修女于1910年生于南斯拉夫，三十七岁正式成为修女，之后她走出修道院的高墙，来到了以贫民窟多且脏而闻名的加尔各答，置身穷人之间。她在那里开办学校，到患病者的家中医治他们，并给他们带去温暖。她曾无数次地握住那些在街头将要死去的穷人的手，给了他们临终前最后的一丝温暖，让他们微笑着离开这个世界。她亲吻那些艾滋病患者的脸庞，为他们筹集医疗资金。她给柬埔寨内战中被炸掉双腿的难民送去轮椅……她曾将爱心和慰藉带给四百万被抛弃街头的人，其中，有过半数的人，在特蕾莎修女等人的悉心照料下，日渐康复。她毕生都在为处于贫困中的穷苦者服务，所以，人们称她为"贫民窟的圣人"和"特蕾莎嬷嬷"。

我们不知道特蕾莎修女刚出生时是否沐浴过这个世界的美好，我们也不知道她做这一切，有没有一个世俗的起因。我们只知道，她将整颗心、整个人生，都奉献给了这个世界，而这个世界也将永远铭记她。

最后，也许我们应该默念特蕾莎修女最著名的那段文字，让我们的心头也柔软一下。去爱这个世界：

人们经常是不讲道理、没有逻辑和自以为是的，

不管怎样，你要原谅他们；

即使你是友善的，人们可能还是会说你自私和动机不良，

不管怎样，你还是要友善；

当你功成名就，你会有一些虚假的朋友和一些真实的敌人，

不管怎样，你还是要取得成功；

即使你是诚实和率直的，人们可能还是会欺骗你，

不管怎样，你还是要诚实和率直；

你多年来营造的东西有人会在一夜之间把它摧毁，

不管怎样，你还是要去营造；

如果你找到了平静和快乐，他们可能会嫉妒你，

不管怎样，你还是要快乐；

你今天做的善事，人们往往明天就会忘记，

不管怎样，你还是要做善事；

即使把你最好的东西给这个世界，也许这些东西永远都不够，

不管怎样，把你最好的东西给这个世界；

你看，说到底，它是你和上帝之间的事，

而绝不是你和他人之间的事。

拿别人当镜子，永远照不出自己

你觉不觉得，人活着想要获得快乐似乎挺难的。我们好不容易做成一件事情，以为会得到领导的嘉许，但是没有，我们会因此失落。而别人的一句打击的话，也有可能将我们的心情彻底毁坏。实际上，很多时候，我们不快乐，或是患得患失，是因为我们太在乎周围人的眼光。别人的夸奖对你的意义远远大过你对自己的看法，但是在我们生活的这个世界里，他人怪异的眼光和恶毒的话语是常常存在的，你总是要面对这些，与其总是被它们打扰，还不如让我们把这些事情像使用图片处理软件的蒙版一样蒙起来，这样我们的心情就一定能好很多。

爱尔兰作家马丁·麦克多纳的著名剧作《枕头人》里讲

述了一个有意思的小故事：

很久以前，有一个农场，农场的主人以养猪为生。在农场主养的那些猪里，有一只小猪天生与众不同，它不像别的猪一样是粉红色的，而是鲜绿色的。虽然它觉得别的小猪的粉红色并没什么不好，但他还是更喜欢自己身上的颜色。然而猪群却并不像小绿猪那样“想得开”，它们觉得小绿猪是异类，于是它们处处欺负它、排挤它，甚至还常常以它为借口向农场主发脾气。农场主觉得这样下去不是办法，于是，在一个寂静的晚上，当猪群还在酣睡的时候，农场主偷偷抓住了小绿猪，强行把他泡在装满粉红色油漆的桶里。

小绿猪绝望地大喊：“上帝啊！救救我吧！不要把我变成粉红色！我就是喜欢和别人有一点点不同！”可是，一切都太晚了。小绿猪被从头到尾浸泡成了粉红色，更让它伤心的是：这种油漆无法被洗掉，也无法被覆盖，它再也无法跟其他猪有所不同了。在同伴的嘲笑声中，“小绿猪”悻悻地回到自己的位置睡着了。

然而，故事到此并没有结束，下面才是这个故事最有趣也是最耐人寻味的部分：那天夜里，就在“小绿猪”还在梦里哭泣的时候，农场上空突然聚集了大量的乌云，一场瓢泼大雨随之倾盆而下，将所有猪都淋湿了。而且这雨并不是普通的雨，雨水是鲜绿色的！于是，原本粉红色的猪群都变成了鲜绿色——除了我们一直渴望不一样的“小绿猪”，因为它身上的粉红色油漆无法被洗去，也无法被覆盖。但是它并没有因为自己没被雨水变回绿色而伤心，相反地，它不住地感谢上帝救了它——因为现在的它，又和别人有一点点不同了。

“小绿猪”虽然只是作家笔下的一个可爱也可怜的文学形象，但其实，许多人都能从它身上找到自己的影子——特立独行，标新立异，总是想和别人有一点点不一样。最后，从别人诧异的目光中，收获一丝天真的骄傲和满足。

诚然，每个人都该拥有一种只属于自己的生活态度与方式，拥有自己独有的审美观念和评价标准。但这样的独特，若是建立在与别人的对比上，岂不显得过于廉价？把别人当成镜子，不管是模仿还是对立，都会将我们装扮成一个完全陌生的人。俗话说得好：“总拿别人作镜子，傻子会以为自己是天才，天才也许会把自己照成傻瓜。”

但愿，我们都不是这样的傻瓜。

回头想想，在岁月的长河里，真正一直陪伴着我们的人，能有几个呢？我们缘何为了那些与我们并无多少交集的人，匆忙地改变自己的衣着、品位、习惯和生活的姿态呢？在人生这场漫长的舞台剧里，每个人都有属于自己的角色和舞姿。真正聪明的人懂得在别人的剧情里只须安分地客串一下就好，而在自己生命的独舞里，才倾注所有的热情和心力。

乌比·戈德堡是“嬉皮士时代”里一个典型的小“嬉皮士”。她热爱自由和艺术，崇尚自然而然的生活，她身穿大喇叭裤，头顶阿福柔犬蓬蓬头，脸上涂着五颜六色的彩妆。为此，她常遭到附近人们的批评和议论。

一天晚上，乌比·戈德堡跟邻居友人约好一起去看电影。

时间到了，她依然身穿大喇叭裤、花衬衫，还有那一头阿福柔犬蓬蓬头。当她出现在她朋友面前时，朋友看了她一眼，然后说：“你应该换一套衣服。”

“为什么？”她很困惑。

“你打扮成这个样子，我才不要跟你出门。”朋友说。

戈德堡怔了一下：“要换你换。”

于是朋友转身就走了。

乌比·戈德堡忽然发现，穿自己喜欢的衣服都可能成为一个困扰。她觉得很苦恼，毕竟她也需要正常的社交生活，只是，倘若今天为了朋友的喜好而换了衣服，那以后再有类似的场景，她还得为多少人换多少次衣服呢？

碰巧的是，当戈德堡跟朋友说话时，她的母亲也在一旁。朋友走后，母亲走向她，对她说：“你可以去换一套衣服，然后变得跟其他人一样。但你如果不想这么做，而且坚强到可以承受外界嘲笑，那就坚持你的想法。不过，你必须知道，你会因此引来批评，你的情况会很糟糕，因为与大众不同本来就不容易。”

在母亲的鼓励下，戈德堡选择了坚持自我。从此，她这一生都未摆脱“与众不同”的标签。在她主演的经典影片《修女也疯狂》里，她扮演的修女就是一个很另类的形象。但是不得不说，正是她的本色出演才成就了这部经典电影。

细心的你也许发现了，小绿猪的故事和戈德堡的故事何其相似，唯一的不同的在于：小绿猪的独特是为了与别人不一样，戈德堡的独特则是她对自我的坚持。而这个小小的不同，已经决定了一切。有句西方谚语说得好："一个人围着自己转，最后全世界都会围着他转；一个人围着全世界转，最后全世界都可能抛弃它。"

聪明的你，懂得了如何取舍吗？

在路上，把灵魂带上

毕淑敏说，出发时，悄声提醒，背囊里务必记得安放下你的灵魂。它轻到没有一丝分量，也不占一寸地方，重要性却远胜于 GPS（全球定位系统）。如果一个人忘记了灵魂，那么行得再远，也只是一具空空的躯壳。

灵魂没有了，这躯壳也就没有生趣，让人品来，只觉无聊至极。

古印第安人有一个很好的习惯，当他们的身体走动得太多、太快的时候，他们便会停下移动的脚步，耐心地站在路边，等候灵魂的到来。

在他们看来，灵魂的速度是要比肉体慢些的，慢到需要时不时地停下来去等待。有人说，他们会站在原地等上三天，也有人说，他们会站在原地等上七天。

然而不管他们等待的时间究竟是多少，他们看得终究比许多人都要清楚明白，人不能没头没脑地一直走下去，一定要抽空穿插在时光的空隙里，耐心等待着灵魂和肉体的会合。

只可惜，古老的印第安人所知道的，我们却始终都读不懂，就像是被时光年轮强迫插上了翅膀，脚下却还是遍地的荆棘，让人无法落足。

马萨达这座城是以色列的脑袋，矗立在一座小山上，脚下便是著名的“死海”。

初到马萨达的人，总有些不适应。这是一个太不同寻常的城市，这里没有树、没有动物，除了偶尔路过的行人，这里就像一个被上帝遗忘的地方。

登上马萨达，如果忽略那纠缠在一起的防御工事和宫廷遗址，那么视线所及的范围内，便只有一片望不到边际的黄土地。

了解马萨达历史的人，在登上马萨达的那一刻，心里或许有所敬畏，也会有所恐惧。

这是座想念的城市，这是座在战乱和屠杀后留下来的城市；这是那些无辜被屠杀残害的妇孺灵魂安息的地方，这是那些为国征战的男人灵魂最牵挂的地方。

他们杀死了妻儿，杀死了同胞，最后杀死了自己，将所有的魂魄安放在这个叫马萨达的城里。

浮在空中的沙，或许就是那些被无辜杀死的妻儿所化，一声声呼唤着自己的丈夫、父亲；沉淀在脚下的土，或许就是那一个个壮丁所变，年复一年、日复一日地守候在此地，等待着最终的团圆。

而在我看来，却是觉得，马萨达的灵魂，是由那十个男子所化，甚至是由最后的那个男子所化。他们杀死了自己的妻儿，杀死了自己的同胞，最后杀死了自己，虽然这些都不是他所愿的。

最后一个自杀的人是苦的，他的身体比其他人苦，他的灵魂比其他人更苦。当他完成了最后的屠杀的时候，手里的签用完了，签子也便完成了自己的使命。他便只能放一把火，在尸首的周围炽热地燃烧。他举起手中的剑，刺向自己的胸膛，让鲜血犹如一团泣血的花，在火光中，格外妖艳地开放。

只是，他的心里有了太多怨念，才让这原本凄凉的城市变得更加惨淡。可即便是这样，也无法阻挡游人的脚步。

灵魂漂泊在路上，途径繁花似锦之地，自然也要感受一下天地失色的悲壮。这就是人的天性，不管你的身体在哪里，灵魂总不安分。

悲壮太沉重，沉重到心也无法装下的地步。马萨达脚下之所以有一片死海，或许就是为游人准备的。

当躯体无法支配灵魂的时候，“死海”便成了最佳的去处，在海面上躺上一躺！在这个世界上，死海将无情的一面展现给万千的动植物，却将温柔的一面展现给人类看。不管你如何在它的怀里折腾，它总是轻柔地让你回到海面上，把你拥在怀抱中。

我和友人一起，沿着弯弯曲曲的蛇径，步行近一个小时，才到达了死海沿岸。死海所及的地方，景观就会变得异常壮观。水里的游人悠然自得地漂浮在海面上，让岸上的游人也艳羡得表现出一副跃跃欲试的模样。

我站在岸边，仔细观察着每一个人的脸庞，或是微笑，或是享受，或是平静。在这些人中，你很少会看到愤怒、伤心与绝望。也许，这个时候的灵魂已经孤独远行，只留下了不知忧愁的躯壳，悠然享受着。

人们总喜欢给灵魂戴上枷锁，却给躯壳穿上看似轻松的外衣。

因此，到了死海边的躯壳，可以不需要灵魂陪伴，灵魂也总算逮到了一些时间，可以自由地四处转转。

我不敢说话，害怕打扰这来之不易的祥和。

像许多人一样，我和友人钻了个缝隙，向死海中走去，在一空隙处，很是放心地躺下来。没想到，这刚一躺下，海水便立刻灌入我的嘴巴、鼻子、眼睛里，让我初次尝到了这比一般海水都要咸上十倍的滋味。

友人赶忙将我拉起来，拉着我快速走到岸上，用岸边为游人专门准备的淡水，一遍又一遍地帮我冲洗疼得厉害的双眼。不记得冲了多久，我的眼睛才能够慢慢地睁开。

原本还想要坚持玩上一会儿的，只是胃里实在难受，也只能早早地打道回府了。

教训来得真是及时，刚刚把灵魂放开了一会儿，躯壳便要得意忘形起来，结果却要忍受“死海”带来的疼痛。

喝下的两口盐水，让我的胃经受了好几天的折腾，便又让我的“死海一游”有了莫大的遗憾。毕竟，没享受过漂浮，怎好说是去过死海了呢？就好比没去过大陆，却对大陆的景象侃侃而谈一样。不过，至少我喝到了死海的水，好过没有踏过大陆土地的他。

带着灵魂行进，你的躯壳才不会感到孤独；

带着灵魂行进，你的大脑才不会六神无主。

所以，不管什么时候，当我们在路上，还是请把灵魂也带上吧。有了灵魂的陪伴，不管走到什么地方，我们都不会一无所有，不会四顾茫然，不会黯然忧伤……

追求本色的成功

在美国，有一位相貌丑陋但口碑极好的女律师，她的名字叫科尔。在法庭上，她扭曲变形的容貌经常会引来众人的侧目。但是，就是这样一位丑陋的女律师，却以渊博的学识、言辞犀利的口才，以及咄咄逼人的气势震惊四座，为无数当事人打赢了官司，也令在场的所有人十分佩服。许多人都会不禁发出这样的疑问：为什么这样一个容貌丑陋的人会成为一名知名律师呢?

人到中年的科尔是家中唯一的孩子。童年时代的科尔可不像现在这个样子，那时的她不仅长得漂亮，而且聪明伶俐，是大家喜爱的小开心果。

升入中学后，小小的她就已经懂得规划自己的未来，她的志向是做一名为弱者伸张正义的律师。

科尔在中学的一个暑假，随全家到海边度假。她穿上新买的红色裙式泳衣，开心地站在更衣室镜子前照个不停。突然，她发现自己的下巴上有几个很小很小的圆形白斑。她疑惑地用手指揉了揉，并没有什么异样的感觉。

然而一个星期后，科尔下巴上的白斑并没有消退，反而连成了一片。家人立即带她到医院的皮肤科检查，医生的诊断结论是：科尔患上了一种极为普遍的白斑病，这类病症会导致患者皮肤色素不均匀，只需涂些药膏就可以痊愈。

为了治好病，科尔每天都按时涂抹药膏。然而一个月过去了，白斑非但没有消除，面积反而越来越大。接下来，科尔的身接连出现奇怪的症状：原本一头金黄色长发变成了灰白色，且大把脱落；右眼向下倾斜；鼻子向右扭曲；右侧嘴角向上翻起。就这样，一张漂亮的面孔完全变了形。

家人为此焦急万分，再次把科尔送到医院检查。得出的结论令人十分震惊：科尔患上一种罕见的进行性面偏侧萎缩症。这是一种非常可怕的病，它会随着患者年龄的增长而日趋加重，患者的五官会渐渐萎缩直至完全消失，甚至整张脸萎缩成一个洞。而令人更加恐惧的是，目前在全球范围内还没有针对这种病症有效的治疗方法和手段。

然而，坚强的科尔不甘心从此变成一个被命运遗弃的人。她开始通过互联网等各种手段，查找与进行性面偏侧萎缩症有关的资料。在众多资料中，她了解到这种病虽然可怕，但不会危及患者的生命。这个信息让科尔的心里重新燃起了一团希望的火焰。她想，既然自己享有和他人同等的生命权，就一定要通过努力奋斗来证明自己生命存在的价值和意义。

从此，科尔更加发奋努力地学习，课余时间便钻进学校的图书馆看书。她的学习成绩不但没有受患病的影响，反而比从前更加优异，几乎包揽了年级所有学科的第一名。

科尔虽然在学习上进步了，但是，她却变得更加孤单了。她的同学并不能理解她的痛苦，反而嘲笑她。有时，一些调皮的男孩子会突然挡住科尔的去路，模仿她扭曲的脸；有些同学还给她起了"歪鼻子""白头翁"的绰号；没有一个同学愿意和她同桌，更没有人愿意和她一同进餐。就这样，科尔被无情地隔离在人群之外。

十七岁那年的一天，科尔正在教室里上数学课，突然她感到右眼视线变得一片黑暗。科尔心头一沉，她知道自己的右眼从此失明，这也是这种疾病日趋加重必然导致的结果。

有时候，当科尔从镜子里看到自己面目全非的样子，也会难过得偷偷流泪。但哭过之后，她会一遍又一遍地对着镜子中的自己说："你一定要坚强，只要付出更多更多的努力，就一定能够证明自己。"

凭借着自己不断的努力，她以优异的成绩被当地一所知名大学的法律专业录取。大学生活是令人向往的，科尔也是如此。然而，进入大学后，她依旧是同学们眼中的"怪物"，没有人愿意主动接近她。

就在进入大学后不久，科尔无意中发现，不知什么时候自己的照片竟被人贴到了论坛上。在照片的评论中，有些人同情和鼓励她，但更多的是对她的冷嘲热讽，甚至还有人责骂不应该拿她恐怖的照片吓唬人。对此，科尔感到非常委屈。

然而，更意想不到的是，人们还在网上讨论知名大学是否该录取科尔这样的“怪物”，很多人都提议让学校开除科尔，因为这样的“怪物”会影响学校的形象和声誉。面对这样的言辞，科尔只能一个人默默承受。

那天，社会心理学课的主题是“我的理想”，老师让同学们在课上讨论。谈到理想，同学们立刻有了精神，发言更是滔滔不绝。轮到科尔时，没等她开口，一个男生就抢先喊道：“整容，她的理想只有整容。”话音未落，教室里响起一片哄笑声。

老师严肃地制止住笑声，并请科尔继续发言。科尔转过头，认真地看着那个男生说：“你错了，我的理想并不是整容。整容也改变不了我脸上的残疾和缺陷。其实，我的理想是做一名律师。”

同学们再次哄堂大笑，同学们你一言我一语地说：“‘丑八怪’律师……”

“谁有这么大的胆子请这样的律师出庭……”

“考验法官胆量的时候到了……”

科尔并没有在意同学们的议论，而是表情严肃且语气坚定地说：“我要当律师，去帮助那些可怜的受害者，以及遭到他人歧视的身患残疾的不幸的人。”教室里瞬间安静了下来，每个人都陷入了深深的沉思，都在重新审视这个面容怪异，却坚强和善良的女孩。

四年后，科尔顺利毕业，并获得了执业律师资格证。

现在，女律师科尔时常出现在法庭上，她特殊的容貌依然会招来少数人的嘲讽，甚至轻视。而她的病情依然不断恶化着，医生断言，她右脸颊即将萎缩消失。

关于这一切，科尔却说："我的脸有一天可能会消失，但只要我的生命还在，我会继续证明，容貌的美并不重要，重要的是你的自信和坚强。"

容貌的改变可以决定一个人的一生吗？丑陋的人就一定可怜吗？对此，科尔向我们证明了什么是最重要的，那就是自信和坚强。当一个人拥有了自信和坚强，他就会变得无比强大。自信和坚强也是使我们青春梦想实现的最大保障。自信是一种渗透在行动里的信念，它影响着人的一言一行。一个人成长的力量来自自身，成功是个性的成功，是本色的成功，更是自信的成功。

第二章

有些寂寞微不足道

孤独为成功搭建了99级台阶

生命里的每一种经历，都是一件或大或小的礼物，即使是高墙铁窗里的漫长孤独，只要我们心怀赤诚，依然能发现它里面隐藏的宝贵财富。

1918年7月18日，一个健康的小家伙出生在了南非特兰斯凯一个部落酋长家里。他从小学习成绩优异，1938年进入黑尔堡学院，而后又就读于威特沃特斯兰德大学，获法学学士学位。

他毕业后本可以安心做一名律师，而且，他是家中长子，被指定为酋长继承人。但他表示“决不愿以酋长身份统治一个受压迫的部族”，而要“以一个战士的名义投身于民族解放事业”！在当时的南非，社会矛盾突出，白人统治者跟黑人平民之间的斗争十分激烈。他毅然走上了追求民族解放的道路。他就是后来被称为“民族之矛”的南非国父——纳尔逊·罗利赫拉赫拉·曼德拉。

1944年，曼德拉参加了主张“非暴力斗争”的南非非洲人国民大会（简称非国大）。1952年先后任非国大执委、德兰士瓦省主席、全国副主席。同年年底，他成功地组织并领导了“蔑视不公正法令运动”，赢得了全体黑人的尊敬。也就在此时，他引起了南非当局的注意，曾两次被告知不准参加公众集会。

1962年8月，曼德拉被捕入狱，当时他四十三岁，南非政府以煽动罪和非法越境罪判处他五年监禁。这还只是开始，不屈的曼德拉依然坚持斗争，1964年，他又被指控“企图以暴力推翻政府”，改判为终身监禁。

被判终身监禁时，曼德拉将审讯法庭变成了揭露种族隔离制度罪恶和唤醒广大民众的讲坛。他在长达四个小时的声明中说：“我已经把我的一生奉献给了非洲人民的斗争，我为反对白人种族统治进行斗争，我也为反对黑人专制而斗争。我怀有一个建立民主和自由社会的美好理想，在这样的社会里，所有人都和睦相处，有着平等的机会。我希望为这一理想而活着，并去实现它。但如果需要的话，我也准备为它献出生命。”

之后，他被关在荒凉的大西洋小岛——罗本岛上二十七年。虽然当时曼德拉年事已高，但看守他的狱警依然像对待年轻犯人一样，对他进行残酷的虐待。

罗本岛上布满岩石，到处是海豹、蛇和其他动物。曼德拉被关在总集中营的一个锌皮房内。他有时要下到冰冷的海水里捞海带，有时干采石灰的活儿——每天早晨排队到采石场，然后被解开脚镣，在一个很大的石灰石场里，用尖镐和铁锹挖石灰石。因为曼德拉是要犯，看管他的看守就有三人。他们总是寻找各种理由虐待他。

漫长的监狱生活练就了曼德拉忍耐、宽容、坚毅的个性。生活规律，早睡早起，坚持锻炼，不吃油腻食物与甜食，这是曼德拉曾经向南非国民披露的长寿秘诀。而这些习惯，正是在罗本岛上的这段时间里养成的。

在监狱中，他每天早晨在牢房里原地跑步四十五分钟，然后做一百个俯卧撑、二百个仰卧起坐和五十个下蹲运动。“锻炼是我生活中不变的习惯。锻炼不仅对一个人的身体健康有好处，而且对心情舒畅也有重大作用。锻炼能消除紧张，而紧张是健康的大敌。我发现，当我身体好时，我工作起来就感到愉快，思维也很敏捷，因此，锻炼就成为我生活中不变的习惯。”曼德拉在自传《漫漫自由路》中这样写道。

也许我们现在读来，会觉得没什么，但对于已近高龄却一直在监狱中遭受着各种苦痛和孤独的曼德拉来说，能坚持做到那些，真的让人动容。

1994年，曼德拉出狱四年后当选南非总统，他在就职典礼上的一个举动震惊了整个世界。总统就职仪式开始后，曼德拉起身致辞，欢迎来宾。他依次介绍了来自世界各国的政要，然后他说，能接待这么多尊贵的客人，他深感荣幸，但他最高兴的是，当初在罗本岛监狱看守他的三名狱警也能到场。随即他邀请他们起身，并把他们介绍给大家。

曼德拉的博大胸襟和宽容精神，令那些残酷虐待了他二十七年的人汗颜，也让所有到场的人肃然起敬。看着年迈的曼德拉缓缓站起，恭敬地向3个曾关押他的看守致敬，在场的所有来宾以至整个世界，都静下来了。

后来，曼德拉向朋友们解释，他年轻时性子很急，脾气也比较暴躁，正是狱中的生活使他学会了控制情绪，因此才有今天这个儒雅、慈祥的曼德拉。牢狱岁月给了他时间，让他意志更为坚定，也使他学会了如何处理自己遭遇的痛苦和孤独。

获释当天，他心情平静："当我迈过通往自由的监狱大门时，我已经清楚，自己若不能把悲痛与怨恨留在身后，那么我其实仍在狱中。"

没错，面对生活中的磨难，如果不能以豁达的心胸面对，那么我们只能一直生活在痛苦当中。他后来还说道："在那漫长而孤独的岁月中，我对自己的人民获得自由的渴望变成了一种对所有人，包括白人和黑人，都获得自由的渴望。"可敬的曼德拉不仅没有怨恨白人，反而把他们也当成了自己要帮助和争取自由的对象。也许这就是他在那段孤寂而艰难的岁月里，收获的最大的精神感悟。

经历了二十七年牢狱的曼德拉愈发觉得时间的可贵。对曼德拉来说，生命里没有"退休"这两个字，等他1999年去职之后，他又将目光转向了那些渴望教育的孩子们、那些没有钱治疗的艾滋病患者以及世界上远未消失的战争硝烟。而这一年，他已经八十二岁。

对于生命的苦难，我们不能怨天尤人。如果总是去看他人的优越面，那么心中的怨恨难免会增长。接受自己，接受现实，相信自己已富有、已完美，生命将无憾。

人生难免会经历这样或那样的波折。面对生活中的痛苦，如果一味沉浸在对命运的抱怨中，那么我们看到的只能是漫无天际的悲观和失望，可是如果保持一颗豁达的心，即使是在人生的风雪里，也只会当成是风景来观赏。

心中有光，阴霾终会散去

青春之所以令人向往，不是因为它永远光芒万丈，而是因为，即使短暂地充满阴霾与黑暗，也总会迎来放晴的一天。其实，每个人的青春都是一种探寻，有的是在探寻让自己快乐而满足的东西，有的是在探寻让自己坚定而勇敢的东西，有的则只是在寻找丢失的本心和自信。

无论我们在青春岁月中要寻找的是什么，最重要的是：永远不要放弃对光明的渴望，不要放弃那个原本美丽的自己！

1968年8月20日，他出生在呼伦贝尔大草原上。如天空般广阔的草原和如草原般纯净的天空，共同编织了他童年眼里的世界。当然，除了蓝天白云青草，像每个孩子一样，他从小也要“忍受”沉重的课业负担，生性好动的他自然不会安心于此。而他的妈妈又是一位教师，面对顽皮的他，妈妈伤透了脑筋。有时，实在没辙了，妈妈也会直接“上手”。

在这种边玩边学的逍遥日子中，一晃就是几年过去了，很快，他就是一名高中生了。那时，他的哥哥考上了北京的一所大学，这对他们全家来说自然是一件令人高兴的事，他自然也是替哥哥高兴的。要知道，那时候在农村，能够考上大学，还是北京的大学，是一件特别了不起的事。但是，很快他就发现，哥哥的离开造成的直接结果就是自己身上的任务多了很多。以前哥哥在家时，他基本什么都不用干，现在哥哥去了北京，一年才回来两次，所以许多家务只能由他承包了，尤其是他每天都要去一百五十米外的井台挑水，这对从小没怎么吃过苦的他来说实在太痛苦了。于是，他便痛下决心，也要考上北京的大学！

功夫不负有心人，经过三年的刻苦努力，他顺利考上了北京广播学院新闻系。开心兴奋之余，第一次走出草原的他也被北京的繁华震撼得不知所措。进了校园之后，他更是发现，身边的同学大多家境殷实，他们用的很多东西自己压根没见过。于是，本来还很活泼开朗的他一下子变得小心拘谨起来。

开学第一天，和他同桌的女同学的第一句话就把他问住了：“你从哪儿来的呀？”这个问题正是当时的他最抗拒的，因为在他那时的逻辑里，虽然呼伦贝尔有着最美的草原，但自己毕竟是从农村来的，这种落后的小地方怎么好意思告诉同学呢？就在他无限纠结的时候，那位女同学已经转向其他人闲聊去了。

就这样，因为这个女同学一句无心的问话，居然让他一个学期都不敢和同班的女同学说话，最后等一个学期结束了，班上居然还有很多女同学不认识他！很长一段时间，这种浓郁的自卑感都笼罩在他的心灵之上，以至于每次拍照，他都要戴上墨镜才能感到一丝坦然。

不过，幸好他不是那种死读书的书呆子，像每个热血澎湃的年轻人一样，他有太多的爱好来释放自己的激情。在那些爱好中，他慢慢将自己的自卑消泯于无形。他爱写作，小时候他就喜欢读各种有趣的故事书，长大了他甚至开始尝试写小说。沉浸在想象的天马行空的世界里，他感受到了强烈的存在感；他爱足球，他是阿根廷队的铁杆粉丝，当然，他自己的球技也令人惊叹，这让他所在的新闻系的球队在当时的北广所向披靡。沉浸在生命力尽情舒展的世界里，他感受到了自己可以控制的力量；他爱音乐，尤其喜欢摇滚和古典音乐，沉浸在这交织着力量与情感的动人旋律中，他感受到了内心的安宁与坚定……

就这样，他一点点走出了内心的阴霾，毕业后的他，与人交流时是自信满满的样子。很快，他在主持界崭露头角，并凭借平易且犀利的主持风格广受观众喜爱。他就是央视名嘴——白岩松。

后来，白岩松在回忆这段学生时光的时候甚至开始感谢这种自卑，他说："我一直自卑着，有点自卑才会付出更大的努力。如果采访一个人让你感到忐忑不安，感到自卑，你就一定会去做更多的准备。其实，每个人都或多或少地有些自卑，即使到了一个很高的位置。比如一些大学者、老教授常说，跟王国维比，他们这些人又能算得了什么呢？这就是说，人总会往前走，他总会有一个他的理想值与他的期望状态。”

其实，除了白岩松，还有许多名人也都有类似的自卑经历。二十几年前，一个女孩子在北京的一所大学里上学，由于长得比较胖，她一直感到抬不起头。其实，同学们并没有嘲笑她，但因为自卑，她常常觉得有同学在嘲笑自己。有时走在马路上，她还会莫名地感觉有人在她背后指指点点。发展到后来，她为了不穿裙子或短裤露出小粗腿，连体育课都不上了。为此，她差点就毕不了业——她不敢参加体育长跑测试。

后来，她发现这样的生活实在是糟糕透顶，要是不能战胜这种自卑，也许自己的一辈子都完了。她决定勇敢地面对这一切，一次，两个男的从她身边走过，不经意嘟囔了一句："真胖。"恰好这话被她听见了，她就故意走了回来，站在那儿，使劲儿盯着他们看，这一下把那两个男人搞蒙了，好半天，他们才反应过来，怯怯地来了句："你真厉害！"

这之后，她开始变得自信起来，加上她本来就才华横溢，很快便获得了成功。她就是央视的另一位著名主持人——张越。

在一个电视晚会上，白岩松和张越相遇，张越对他说："要是那时候我们是同学，可能永远不会和对方说话。你会认为，人家是北京城里的姑娘，怎么会瞧得起我呢？而我则会想，人家长得那么帅，怎么会瞧得上我呢。”

值得庆幸的是，这两个人最后都以自己的方式战胜了心中的魔障，让两个因为自卑而沉默寡言的人，现在可以对着亿万观众，侃侃而谈。自卑是每个人或多或少都会拥有的心理，其实，自卑并不可怕，可怕的是太过关注自卑，以至于永远也无法战胜它。其实，对待自卑的最好方法就是：要么彻底地忘记它，要么坦然地面对它！只有正视心底的黑暗和怯懦，你才有机会点燃自信和勇敢的烛火，周围的世界才会在你的感染下，一点点放晴。

害怕过，但绝不退缩

曾经有一个关于大海和梦想的故事。

杰克住在波士顿的一个小镇上，他一直向往着蔚蓝色的大海，喜欢它的宽广和包容一切的胸怀。他从小就想当一名水手，这样就可以整日与大海为伴了。

一个偶然的机会，杰克来到了海边。这天天气不太好，海面被浓雾笼罩着，巨浪翻滚。天气本来就很冷，此刻就显得更加寒冷。他想："我向往的大海怎么变成了这样？"他的希望和失望落差很大。于是，他决定再也不喜欢大海了。他心想："幸亏我没有当一名水手，如果成为一名水手，整日在这样险恶的大海中，那真是太危险了。"

杰克沮丧地在海岸上漫无目的地走着，走着走着他遇见了一个水手。出于对水手生活的好奇，他和水手交谈了起来。

关于这样的大海，水手解释说：“海面并不是经常这样寒冷又有雾的，有时大海是明亮而美丽的，有时它又是汹涌澎湃的。但无论在任何时候，我都爱大海。”

“当一个水手不是很危险吗？”杰克问。

“当一个人热爱他的工作时，他不会想到什么危险。我们家里的每一个人都非常爱大海。”水手说。

“你的父亲现在在何处呢？”杰克问。

“他死在了海里。”

“那你的祖父呢？”

“死在了大西洋里。”

“那你家里还有什么人是水手吗？”

“有，我的哥哥，不过当他在印度的一条河里游泳时，被一条鳄鱼吞食了。”

“既然如此，”杰克说，“如果我是你，我就再也不会到海里去了。”

水手问道：“你愿意告诉我你的父亲死在哪儿了吗？”

“死在床上。”杰克回答道。

“那你的祖父呢？”

“也死在了床上。”

“这样说来，如果我是你，”水手说，“我就再也不会到床上去了。”

人生中不可能没有风雨，如果一个人为了躲避风雨而止步不前，那么无异于浪费生命。只有勇敢地做自己的主人，勇敢地走出去，才能享受真正的属于自己的人生。

和那位想当水手但害怕海上风浪的人不同，美国跳水运动员乔妮·埃里克森就具有敢想、敢拼的勇气，她坚强地战胜了内心的恐惧，最终圆了自己心中的梦。

1967年夏天的一场事故，使乔妮·埃里克森的人生发生了巨大的改变，她在一次跳水中身负重伤，除了脖子之外，全身瘫痪。

乔妮哭了，她躺在病床上彻夜难眠，她无法接受这个事实，总觉得这只不过是一场噩梦。她不明白，为什么跳板会滑？为什么她会恰好在那时跳下来？她认为命运对她实在不公。为此，她曾经绝望过，但冷静下来后，她拒绝了死神的召唤，开始冷静思索人生的意义和生命的价值。

她借来许多励志书，一本一本地认真读。虽然她视力很好，但读书对于她来说也是一件很艰难的事，因为她只能靠嘴衔一根小竹片去翻书。她经常累得停下来，但是休息片刻又会继续读。通过大量阅读，她终于领悟到：虽然身体残疾，但仍然可以找到属于自己的成功之路，有的人成了作家，有的人创造了盲文，还有的人创造了美妙的音乐，那她为什么不能呢？于是，她想起了自己中学时代曾喜欢画画。这位纤弱的姑娘变得坚强起来了，变得自信起来了。她重拾中学时代用过的画笔，用嘴衔着，练习画画。

这是一个多么艰辛的过程啊！用嘴画画，她的家人连听都没有听说过。他们怕她太辛苦，又怕她因为失败而再次受到打击，纷纷劝说她："乔妮，别那么死心眼了，哪有用嘴画画的，我们会养活你的。”可是，家人的反对反而激起了她的决心：“我怎么能让你们一辈子养着我呢？”她更加刻苦了，常常累得头晕目眩，甚至有时委屈的泪水把画纸都打湿了。为了积累素材，她还常常乘车外出，拜访艺术大师。

许多年过去了，她的辛勤付出终于没有白费，她的一幅风景油画在一次画展上展出后，得到了美术界的一致好评。

不知为什么，乔妮又想当一名作家。她的家人又担心地说：“乔妮，你绘画已经很不错了，还学什么文学，那会更苦了你自己的。”但是，乔妮是那么倔强、自信，她没有说话，她想起一家刊物曾向她约稿，要她谈谈自己学习绘画的经过和感受，她花费了很大精力，但稿子还是没有写成。这件事对她的刺激很大，她深感自己的写作水平差，必须从头开始踏踏实实地学习。这是一条布满荆棘的路，可是她始终坚信文学的桂冠在前面熠熠闪光，等待她去摘取。

又经过许多艰辛的岁月，乔妮终于实现了这个梦想。1976年，她的自传《乔妮》出版了，轰动了文坛，她收到了数以万计的热情洋溢的信。又两年过去了，她的《再前进一步》一书又问世了，在书中，她以自己的亲身经历激励残疾人应该怎样战胜病痛，立志成才。后来，这本书被搬上了银幕，影片的主角就由她自己扮演。她成了千千万万个青年自强不息、奋进不息的榜样。

纵观自然界和人类社会，可以发现，生活从来都不是一帆风顺、平安无事的，我们总会遇到各种各样意想不到的挫折、失败和痛苦。对此，有些人对失败惶恐不安，久而久之失去了拼搏的热情，再也没有生活的激情了。

其实过多的顾虑、迷茫是没有必要的。人本身就有巨大的潜能，只要你敢想、敢拼，大胆地向前冲，具有勇士般的大无畏精神，即使害怕也绝不退缩，你就会发现，原来事情并没有自己想象的那样可怕，成功的大门是向所有人敞开的。

若是鱼儿，就游在水中

上大学时，睡在我下铺的女孩是闻名全系的“强迫症女孩”。她热衷于为自己制定各种计划，作息计划、学习计划、读书计划、运动计划……她的床头，永远贴着写得密密麻麻的计划表。

她早上起床的时间必须精确到秒，洗漱的时间严格控制，要掐着表完成；吃早餐、喝咖啡的时间不能多一分，也不能少一分；说好学习一个钟头，就绝对是一个钟头，哪怕捧着书什么也没看进去，也绝对不做其他事；计划好要去操场跑步，哪怕下雨，也绝对不去室内网球场打球。

在她的计划表里，没有娱乐，不允许任何享受。

你若问她的目标是什么？她会很明确地告诉你：成为更

优秀的人。

若你继续追问怎样才是更优秀的人？她会回你一个白眼，一副“这还用说”的表情。

如此严苛的计划和不靠谱的目标，当然很难实现，所以每天我们都能看到她计划失败之后沮丧焦虑的样子。

冬天的早上会赖床，偶尔会失眠，导致白天上课的时候打瞌睡，有些事情超出预计的时间，导致没空运动——对我们来说这些都是常事，对她而言却是天大的变故。她总是骂自己，怎么可以连这点意志力都没有？怎么可以浪费时间、浪费生命？骂完之后，又将下一次的计划制定得更严格，然后陷入新一轮的沮丧焦虑中。

大学四年，她几乎就在这样的恶性循环中度过，直到大四，终于精神崩溃。

我一直记得那一幕。

那天早上，她照常起床、洗漱、吃早餐、喝咖啡，当时，她正在做毕业论文，却被导师批评观点太老旧，于是她打算去资料室找一些毕业论文相关的最新资料，补一补知识。就在她掐着表准备出门时，另一位室友开玩笑地帮她倒计时：5、4、3、2、1，好啦，时间到，该出门啦。

她却站在那里，半天不动。室友觉得奇怪，忙过去看她。忽然，她毫无预兆地大叫一声，瘫坐在地上，开始是喃喃自语，然后又手舞足蹈，放声大笑，眼泪却哗啦啦地流了满脸。我们百般劝不住，只好叫来辅导员，把她送到了校医院。

在医院，她的情绪慢慢稳定下来，我们都以为这件事已经结束了，以为她只是因为毕业论文没做好，压力过大，才突然情绪爆发。

谁知这只是一个开始。

回到宿舍，她不知用了什么方法，居然从宿管处那里申请到一间空置的寝室，独自搬了进去，从此把自己关在那里，足不出户。去敲门，她也会应答，却不肯开门，总是说自己忙着做论文，没时间。

我们担心她这样下去会很危险，和老师商量后，终于通知了她的父母。最后，她被父母接回了家。

父母帮她收拾行李时，瘦了一圈的她站在一旁，双眼无神。没有看我们一眼，也没有告别。

那段时间，寝室的几个人都很难过。

这四年来，我们眼见着她对自己强加逼迫，眼见她沮丧焦虑，却从不曾放在心上，只当笑话看，满不在乎地调侃她，谁也没有料到事情会变成这样。

那时我们还太年轻，不知道人真的会被自己逼迫到崩溃的地步。

重新见到她，是在两年后。

她在医院和家里休养了很久，才终于恢复正常，开始出来工作。

工作虽然是父亲为她安排的，但总算做得顺利，而她也终于可以平静地回忆起过去的时光。

只可惜回忆里，是漫无边际的灰暗。

她曾和我一起去看了一场致敬青春的电影。她缩在电影院的座位上哭成了泪人。散场后，她抱着我："你说，我的青春去哪儿了？"

她说，大学四年，她既不快乐，也不精彩。没有志同道合的伙伴，没有一起疯闹的死党，连一场恋爱都没有过，只是一直重复着那样严苛的生活。

想要变成更优秀的人，并没有错。谁都想变成更优秀的人，所以我们才在人生这条河里逆流而上。

我们要去寻找属于自己的答案。

不是这个世界、父母、他人灌输给你的答案，而是独属于你自己的答案。

这个世界有它自成一套的话语和规则。它告诉你，从小就不能输在起跑线上，一定要好好读书考上好大学、它告诉你大学四年该如何度过、三十岁之前你一定要完成几件事、一生必读哪些书、必去哪些地方旅行、多少岁结婚最好、成功的标准是什么……

于是我们将人生活成了一堆数字和标准。

三十岁还不能出人头地，三十岁还不能嫁出去，完了，人生无望。

有个女孩子甚至算过一笔账，如果想要生两个小孩，三十岁前生完，小孩相差三岁，那二十七岁就得生第一个，二十六岁就得怀孕，想怀孕之前二人世界过两年，那二十四岁就得结婚。订婚后，见家长、旅行、准备婚礼要一年，那二十三岁就得订婚，订婚前要先彼此熟悉两年，那二十一岁就要遇到这个人。

这么算下来，顿时觉得人生好紧迫。

也好无趣。

无趣到有一天你回想你的二十一岁，只记得自己像个嫁不出去的哀怨剩女，强迫自己到处找男朋友的样子，却不记得那一年你的青春是否有过自由的奔跑，是否绽放过美丽灿烂的焰火，让你可以在未来的人生里止不住地怀念。

讨厌过去的自己，抹杀过去的时光，我总觉得这是一件格外悲哀的事。

仿佛那亲历的青春，所有历历在目的岁月，都如船过水无痕，连回响都没有，就虚度过去了。

谁都只能活一辈子，若每一寸光阴不能尽情尽兴地活过，岂不是辜负人生？

我时常想起下铺的女孩，那个时候的她心底大概没有任何美好风景，只有一圈圈锁链，把自己的身体和心灵都锁得严严实实。

不柔软，不强大，不温暖，不快乐，那是一个连她自己都不喜欢的自己。

以为不越雷池半步就足够安全，怎知错过的却是最美好的自己。

我们或许不是她那样的“强迫症女孩”，但也会在意明年的薪水比今年的涨几个百分点；会细数三十岁之前完成几个人生目标；会掐算着在哪一年必须遇到命中注定的那个他，否则就晚了，再也来不及了……

这也并没有错。

但倘若有一天，你发现实现这些世人公认的人生目标并没有让你快乐，意识到你想走的路和别人不同，你想看的风景在另一片天地。记得要有勇气承认，然后掉转方向，拍马而去，决不回头。

何必强迫自己和别人一样活得整齐划一？若是鱼儿，就游在水中；若是马儿，就奔跑在草原。

许诺一个自由的灵魂给自己。许诺将沿途最好的风景给自己。

问自己：亲爱的，有没有很努力地变成你喜欢的自己？

生命是加法，更是减法

放学的铃声响起，孩子们开心地冲出了教室，其中有一群小家伙抱着足球，直奔球场。“传给我！传给我！”鲁契亚诺冲着同伴大喊。球刚到鲁契亚诺脚下，只见他灵巧地一挑，一记凌空抽射，皮球应声入网……

这是具有“美食天堂”之称的意大利北部城市摩德纳的一个普通的午后。在意大利，足球的影响力很大，几乎每个人都是铁杆球迷，小小的鲁契亚诺也不例外，每天放学，他都会和其他孩子一起冲向足球场。鲁契亚诺疯狂地迷恋着足球，他最大的梦想就是成为尤文图斯足球俱乐部的队员，因为当时尤文图斯的几名球星圣蒂门蒂、科拉蒂都是摩德纳人。

但是，就像很多曾经想当科学家，现在却在搞销售的年轻人一样，鲁契亚诺后来也没有实现童年的梦想。尽管他在读中学时踢过校队，后来也曾加入过一个足球俱乐部，但也许是因为家庭的缘故，身为一个面包师的儿子，他从小就对美食没有任何抵抗能力，当绿茵场上的鲁契亚诺越来越胖时，他的足球生涯也就离结束不远了。

第一个梦想失败了，但乐观的鲁契亚诺并没有灰心失望，他开始向自己的第二个目标进发。音乐也是意大利人生活里不可或缺的一部分，鲁契亚诺的父亲还是一个小有名气的男高音。鲁契亚诺的音乐天分自然不低，但相比唱歌，他更喜欢孩子，所以他的第二个梦想就是成为一名音乐教师。

后来，鲁契亚诺如愿考上了一所师范学校。时间一晃而过，在临毕业时，歌手阿力戈·波拉在一个偶然机会听了鲁契亚诺唱歌后，十分欣赏，表示愿意收他做学生。鲁契亚诺开始犹豫起来，当时二战刚过，摩德纳的很多学校都缺少音乐老师，鲁契亚诺毕业后就可以获得一份既清闲又有保障的工作；而若是听从阿利戈·波拉的建议，跟他学习唱歌，说不定可以成为一个万众瞩目的歌手，只是这样风险也很大。

鲁契亚诺便去向父亲求助。父亲并没有直接告诉他如何选择，而是说了一句意味深长的话："鲁契亚诺，如果你想同时坐两把椅子，你只会掉到两把椅子之间的地上。在生活中，你应该选定一把椅子。"鲁契亚诺思来想去，还是觉得当老师更保险一点。这也许是大部分人都会做出的选择吧。

鲁契亚诺毕业后顺利成为一名小学老师，但据他后来回忆，那段时光对他而言简直是一场噩梦。意大利的小孩都比较活泼调皮，而鲁契亚诺又不懂得如何树立一个起码的权威，所以他的课堂总是乱糟糟的，他根本完成不了基本的教学任务。学校也因此不看好他这个年轻的老师，支付给他的酬劳甚至都不能解决温饱。

苦苦支撑了两年之后，鲁契亚诺终于发现这把“椅子”并不适合自己。他准备试试唱歌这条路，但当初做老师是自己的选择，他不知如何向父母开口，毕竟，要是唱歌，必然会有一个毫无收入的学习过程。鲁契亚诺犹豫再三，还是向父亲道出了心声。父亲一开始并不同意，但在鲁契亚诺的坚持下，还是同意让鲁契亚诺去试一试。

时间一晃又过去几年，在音乐界，鲁契亚诺始终只是个无名小辈。眼看着周围的朋友们工作的工作，结婚的结婚，而自己的歌唱生涯还没有丝毫起色，他甚至还要一边学习唱歌，一边打工，这令他万分苦恼。屋漏偏逢连夜雨，有段时间，鲁契亚诺的声带上长了个小结，一次演出中，他在满场的倒彩声中被轰下了台。

鲁契亚诺再一次想到了放弃。这也算是人之常情吧，毕竟有些愿望实在离我们太远了。但就在最后关头，鲁契亚诺想起了父亲的那个比喻，他不禁问自己：“难道就没有一把适合我的椅子吗？既然选了这把，我就不走了！”

有时成功和失败，真的就只有几步之遥。几个月后，鲁契亚诺在一场歌剧比赛中发挥出色，被选中在雷焦艾米利亚市剧院演唱著名歌剧《波希米亚人》。这是鲁契亚诺首次演唱歌剧，由于准备充分，演出十分成功。随后，鲁契亚诺又应邀参加各种演出，还有公司愿意为他录制唱片，他终于迎来了歌唱事业的春天。

1972年，鲁契亚诺在纽约大都会歌剧院与萨瑟兰合作演出《军中女郎》，剧中有一段被称为男高音禁区的唱段《啊，多么快乐》，就在大家为他捏了把汗的时候，鲁契亚诺连续唱出九个带有胸腔共鸣的高音C，全场观众为之震撼，他也由此名扬全球。

没错，这个差点成为足球运动员和老师的意大利歌唱家，就是世界三大男高音之首的鲁契亚诺·帕瓦罗蒂。当人们后来去追问他成功秘诀的时候，他这样说道："选择和放弃是一件痛苦的事情，但却是成功的前提。每个人都要勇敢地选择一个方向，毕竟，人不能同时坐两把椅子。"

经过重重选择和放弃的过程，他最终感悟到：人不能同时坐两把椅子。因为，这世界上根本就没有绝对的最好的选择，有的只是最合适自己的选择。生活虽然有千百种形式，但每个人只能经历一种。既然我们不能同时去坐两把椅子，那就选择最适合自己的那把，坚定地坐下去，长久地坐下去，自然也不惧人生的风雨颠簸。

遵从内心，往前走

他是我一个很久都没有见的朋友，只是偶尔从他的状态中可以找到他的踪迹。

他的踪迹总是不定，像是无缰而行的野马，又像是振翅游走的飞禽，永远都在漂泊的状态中。他说，他喜欢那种状态，一路追寻着夕阳的足迹，一直向西行走。

他喜欢夕阳下的美景。所以这么多年来，他一直处在不停行走的状态中，不断地追寻着不同地方的夕阳美景，不停地用双脚丈量着脚下的路，用自己手中的相机记录着夕阳的美丽。

他的镜头下出现过很多风景，有满目白色的雪、有面容模糊的人、有简单的饭馆、有精细的手工艺品。

很多人好奇他为什么会将镜头对准这些东西。他的回答让我们很诧异，但也很敬佩——原来，在这些有趣的馆子里，曾有过他劳动时洒下的汗水，而那些明显带着中国文化符号的手工艺品，则是他在空闲时间里创造的产品，卖出去就可以增加收入。他就是这样靠着一路的行走、打工，追寻着自己心中的梦想。

再见他时，是在国内一个小规模的全国巡回展览上了。在休息室里，我们围着一个小小的圆桌，我的面前放着一杯用纸杯盛着的纯净水，在他的面前则是一个跟随着他走遍所有地方的搪瓷缸，旁边竖着一只保温壶。

这是他的重要装备。

看着搪瓷缸内壁上挂着的厚厚的垢，我很容易想象出，在这么多独自漂泊的岁月里，他是怎样用这只搪瓷缸充当茶具、餐具，甚至是遇到下雨天时充当接水的应急容器的——这一点也是他在闲聊中提起的，他的帐篷用得久了，有的时候会漏雨。

在我出神的注视中，他平静地端起搪瓷缸，吹去漂在水面上的几片茶叶，缓缓地呷了一口茶。在国内的时候，他很喜欢喝茶，他说，喝茶能让他体会到回到故土的感觉。

每天早晨，他都会在起床之后，捏一撮茶叶，放在搪瓷缸里，冲上水，然后做其他的事情。就在这个过程中，叶片在水中翻滚、伸展，在水面上吸足了水分后慢慢地沉入水底，释放出浓浓的茶色。

这个时候，他已经能够坐下来，等着大部分茶叶都沉入水底之后，开始品茶了。他端起搪瓷缸，推推架在鼻梁上的眼镜，再顺手抚一下鬓边的头发，把搪瓷缸放在唇边，呷一口茶水，让它在口齿、舌腔间打个转儿，让涩涩的味道占据整个口腔，最后才一下子吞咽下去，润湿久久没有感受茶香的食道、胃肠，感觉茶通透了五脏六腑。

每当这个时候，他总是表现出一副很享受的样子。

这一次见面，即便是我坐在他的面前，他也没有表现出丝毫的改变，依然是呷一口茶，慢慢地在口腔里打一个转儿，滋润自己的唇齿舌腔喉，然后慢慢地下咽，直至滋润了自己的五脏六腑。然后，慢慢地以同样的过程喝进第二口。

他是个话不多的人，而且很能耐得住寂寞。也正因为这个，我们这些朋友从来不担心他的精神上会出现什么问题。当我们聊到这个话题时，他哑然失笑，轻轻地说了句："怎么会！"

我明白，在他的心中，一直都存在着一个难以安服的东西。正是这个难以安服的东西，让他一直处在旅途中，以自己的行走极力让它得到满足。在我们看来，这种东西完全可以被冠以"奢望"的字眼，而在他看来，它则是彻彻底底的"梦想"。

聊来聊去，我们就聊到了他的这次旅行，以及下次可能的方向。他轻轻地摇摇头，没有说话，只以浅浅的微笑代为回答。他从来都是这样，并不会明确说出自己的计划，并不是他的城府有多深，其实他也不知道自己的想法。甚至有时头一天还在跟我们一起嘻嘻哈哈地聚会，第二天就已经踏上了新的旅程。

我问他：“你会感觉累吗？”

他说：“当然会感觉到累，有的时候真想立刻结束行程回家，但回到家之后，过不了多长时间，就又会非常怀念那种在路上的感觉，恨不得马上远走他乡。”

我问他：“你会选在什么时候结束这种漂泊的状态呢？”

他先是轻轻地摇了摇头，然后轻声地说：“我就是那只没有脚的鸟，我停下来的时候，也就是我再也走不动的时候。然后，我会找个安静的地方，用笔继续这种旅行，记录下我这么多年积淀下来的东西。”

我不禁哑然，哑然之余又不禁有些汗颜。这么多伙伴中，他是唯一一个能遵从自己的内心，能够在想法出来之后就立刻去实现的人。

有些人的灵魂只有在行走中才能复苏，他们在众人或艳羡或质疑的目光中反反复复地确定方向，找到位置，然后迈开步伐。

有人质疑旅行不过是为了在朋友圈里秀优越，我想他们大概从没有过那样的感触，为了一种理想的生活状态，不到万不得已绝不停下脚步。

我想他们应该不会了解这样的感受，因为他们一半的时间用来挣扎在庸常的生活中，而另一半的时间则用来质疑一种自己永远无法实现的生活状态。

他还会往前走的，像那只不会休息的鸟一样。

星星都已经到齐了，你还等什么？

让我们停下忙碌的脚步，让焦虑的心平静下来，给自己哪怕五分钟的时间去回忆一下儿时的梦想。是啊，太久远了，翻过重重的思想障碍，拂去层层的心灵灰尘。在不远处，有一处星光在闪烁，有一颗心在跳动，那就是我们的梦，一个压在心底多年的梦……

梦想如星辰，一直在那里看着你，你还在等什么呢？动动嘴发发牢骚，对苦难来一通抱怨，对自己的能力来一些怀疑，然后对前程来一番假设和憧憬，这些谁都能做到。但是，说得再好，想得再好，如果不去行动，又有什么用呢？

有一位名叫特蕾西的美国女孩，她的父亲是芝加哥有名的牙科医生，母亲在一家声誉很高的大学担任教授。她从上中学的时候起，就一直梦寐以求地想当电视节目主持人。她觉得自己具有这方面的天赋，因为每当她和别人相处时，即使是陌生人也都愿意亲近她并和她长谈。她知道怎样从人家嘴里“掏出心里话”，她的朋友称她是“亲密的随身精神医生”。她自己常说：“只要有人愿给我一次上电视主持的机会，我相信自己一定能成功。”

但是，她为达到这个理想做了些什么呢？什么也没有！她在等待奇迹出现，希望一下子就当上电视节目的主持人。

特蕾西不切实际地期待着，结果什么奇迹也没有出现。

谁也不会请一个毫无经验的人去担任电视节目主持人，而且节目主管也没有兴趣跑到外面去搜寻“天才”，都是别人去找他们。

另一个名叫露丝的女孩却实现了特蕾西的理想，成了著名的电视节目主持人。露丝不像特蕾西那样有可靠的经济来源，所以没有坐等机会出现。她白天去做工，晚上在大学的舞台艺术系上夜校。毕业之后，她开始求职，跑遍了芝加哥每一个广播电台和电视台。但是，每个地方的经理对她的答复都差不多：“不是已经有几年经验的人，我们一般是不会雇用的。”

但是，她不愿意退缩，也没有等待机会，而是继续走出去寻找机会。她一连几个月仔细阅读广播电视方面的杂志，最后终于看到一则招聘广告：北达科他州有一家很小的电视台招聘一名预报天气的女孩。

露丝是阿肯色州人，不喜欢北方。但是即使工作只是简单地介绍天气情况也没有关系，她希望找到一份和电视节目主持人有关的职业，干什么都行！她抓住这个工作机会，动身到了北达科他州。

露丝在那里工作了两年，最后又在洛杉矶的电视台找到了一份工作。又过了五年，她终于成为她梦想已久的节目主持人。

论外在条件和自身条件，特蕾西要比露丝优越得多，但因为特蕾西在十年当中，一直停留在幻想上，坐等机会；而露丝则是采取行动，最后，终于实现了理想。

在我们的一生中，永远有机遇在前方等着我们，但它们总是躲在一些角落里，需要我们用积极的心态去寻找、去发现，而不是在那儿守株待兔。

有时候我们会觉得自己的梦想太大了，太遥不可及。可能我们都有过这样的经历：夜晚纵有千条路，清晨依旧卖豆腐。每到夜深人静的时候，在我们灵魂最深处的梦想就会不自觉地显现，让我们产生很多想法，也会为此兴奋。可第二天早上起来，又继续走原来的路，上班—下班—回家，三点一线。梦想总被现实淹没。

给自己一个希望，并不难。我们每个人都有自己的梦想，都有自己希望达到的目标。然而，我们很多人在追求目标的过程中，最初都是热情高涨，之后会因为种种原因，觉得希望渺茫，会中途放弃。很少有人能够每天坚持给自己一个希望。希望自己能够克服各种艰难险阻，遇到再大的困难、再大的阻力，也要坚持下去。正因为如此，成功才会属于少数人。

第三章

黑暗告诉我，世界美如斯

黑夜终将远去，黎明总会到来

人世间会发生很多事情，这些事情令人类觉得不可思议，同时又震撼着人的心灵。

有一个出生在澳大利亚的男孩儿，他刚出生时就只有可乐罐那么大，躺在观察室里奄奄一息，几乎随时都会失去生命。这个男孩儿不只是身体小，他的腿是畸形的，还没有肛门，就连他的膀胱和肠子也不正常。为了维持他的生命，医生给他割了道深口，让他能够排便。几乎所有医生都断言，这个孩子不可能活过二十四小时。然而，出人意料的是，他挣扎着，活过了一周又一周，他的父母也没有放弃他，而是更加细心地照料他，最终他顽强地活了下来。

这个男孩儿实在太弱太小了，胆怯的他对任何比自己大的东西都感到恐惧，甚至连家里的狗也让他畏惧。他的父亲鼓励他，对他说：“孩子，你必须自己面对一切恐惧，勇敢起来！”为了使男孩儿战胜恐惧，有一天，他的父亲将他和家里的一只狗一同关在了后院。父亲走后，后院里传来了男孩儿的叫声，同时还有狗的叫声。父亲听着这些叫声在屋里一直没有出来。后来是邻居们听到了声音，并报了警。当警察和父亲走进后院时，他们惊奇地发现，男孩儿竟骑在狗的背上。男孩儿长大后回忆起这次经历，仍然记忆犹新。他说：“当那只狗恶狠狠地向我扑过来时，我就一把抓住了它的尾巴，并用手指在那个家伙的屁股上使劲儿捅，最终制服了那个讨厌的家伙。”从这次经历中，他明白了“如果你觉得恐惧，那么就学会去面对它”。

到了男孩儿该上学的年龄了，父亲把他送进了学校。当男孩儿小小的身躯背着比自己还大的书包，坐在轮椅上幻想自己美好的校园生活时，却不知道迎接自己的其实是噩梦。

个头矮小的他成了学校中调皮学生的玩偶：他们掀翻他的轮椅，弄坏他轮椅上的刹车，让他从走廊直接“飞”进老师办公室。还有一次，他们将他绑到教室的电扇上，让他随着风扇一起转动。

最可怕的一次，他被几个同学用绳子绑住了手，并且用胶带封住了嘴，然后把他扔进了垃圾箱里。他们还在垃圾箱外点起了火，滚滚浓烟令他窒息，他万分惊恐，不断挣扎着，直到一位老师将他解救出来。

有好几次，班里的同学都放学回家了，只有男孩儿一个人坐在教室的角落里，他在那儿一边组装被同学拆散的轮椅，一边哭泣。

上高中后，男孩儿的境遇也没有好多少。

男孩儿每天坐在轮椅上，在无数条腿之间穿行，唯一要做的就是防止自己被踩伤。有一次上幻灯片课，他去上厕所，在黑暗中每移动一步都感到一种钻心的疼痛，走到光亮处才发现自己的手上扎满了图钉，鲜血直流。

某一天，男孩儿终于忍不住了，他看着镜子中自己的模样，想着每一次痛苦的遭遇，放声大哭起来，他想："为什么只有我的生活这样的悲惨，在学校里，我就像一个怪物，我的存在只是让更多的人有一个开心取笑的对象。这样的日子活着还有什么意义？"

他想到了自杀，但他还是舍不得疼爱他的双亲，在父母眼里，他永远是他们生命里最好的孩子。

在他十七岁时，他的腿部感染，以至于不得不做了截肢手术。他不能再坐轮椅，而是趴在了滑板上，不过行动更加自如了。后来他决定给自己找个工作。每天早上，他趴在滑板上，敲开一家又一家的店门，问店主是否愿意雇用他。可等人家打开门时，根本就没有发现几乎趴在地上的他，就又把门关上了。

在无数次应聘失败后，他终于找到自己的第一份工作。他每天凌晨四点半起床，赶火车到镇上，然后爬上他的滑板，从车站赶到几公里外的工厂。尽管生活艰辛，但是能够自食其力，他勇敢而快乐地活着。

虽然在上学期间，男孩儿的生活过得并不如意，但是，这其中也有令他感到兴奋和骄傲的事情。男孩儿有着希腊人的血统，也或许是因为这个，他在运动方面表现得非常有天赋。

从十二岁起，他就开始打室内板球，后来还喜欢上了举重与轮椅橄榄球。因为从小被孤立，所以他对运动非常执着和热爱，对自己的严格要求使他取得了一系列的好成绩。最令他骄傲的成绩是：在1994年澳大利亚残疾人网球赛中获得冠军以及在2000年全国健康举重比赛中获得第二名。他还通过自己的努力获得了板球、橄榄球的二级教练证书。他用自己的成绩回击了所有的嘲笑和侮辱。

这个男孩儿就是约翰·库缇斯。

约翰·库缇斯是国际著名的激励大师。他从2001年开始在世界巡回演讲，而他的演讲生涯则是因为一次偶然的公开演讲而开始的。

在一次午餐会上，约翰应邀对自己的经历作简短的演讲。约翰在内心对自己说："我一定要把最勇敢的一面呈现给观众！"最终他做到了。他的经历让现场的观众热泪盈眶，他也因此赢得了热烈的掌声。演讲结束后，一个女人跑到台上，哭着告诉约翰，她非常不幸，正准备自杀，听了他的演讲后，她觉得自己应该好好地活下去。

约翰的演讲不仅改变了自己的命运，也改变了其他人的命运。他平生第一次放声地笑出来，因为在他的人生中，第一次有人如此关注他的讲话，并且给以最真诚的掌声。此时，他突然意识到，到讲台上去，讲述自己经历的恐惧和忧伤，讲述自己的挣扎和拼搏，给他人以启迪，是一件多么重要的事情。

于是，他去了一百九十多个国家，做了八百多场演讲，用自己的亲身经历感染着那些心灵受伤的人们，使他们重新获得勇气和希望。

我们的生活里，逆境多于顺境。逆境和攀登高山是一样的道理：向上是艰难的，但你始终在向高处移动；而下山是顺势朝下的，不用花费什么力气，但你是在走下坡路，领略不到高处美妙的风光。

因此，当身处低谷时，我们永远不要对自己说不可能，要相信峰回路转就在前方转角处，柳暗花明就在蓦然回首中。既然冬天过去是春天，黑夜远去是黎明，那么我们不妨享受冬雪的圣洁，欣赏星空的璀璨。

不要错过了花满枝丫的昨日，又错过今朝

生活中的大多数人之所以碌碌无为，是因为他们习惯了在生命中随波逐流，完全不知道自己真正想要的是什么，闭塞眼目，错过了花满枝丫的昨日，又错过了天气晴好的今朝，这是何等的遗憾！一个心怀梦想的人会清楚地知道生命里缺少什么，并开始积极地寻找和努力，努力创造出一个阳光明媚的未来。

当然，将梦想变为现实并不是简单的过程，我们付出努力与汗水，承受磨难，超越自我，才能把梦想照进现实。在这一过程中，就算我们圆梦失败，也总是会有另一个梦想取代原来的那一个。

在法国一个普通的乡村里，有一个普通的邮差，他叫薛

瓦勒。他每天奔走于各个村庄，为人们寄送邮件。

一次送信途中，邮差不小心在山路上摔倒了。起身时，他不经意间发现脚下有一块形状奇特的石头。他捡起这块石头，仔细端详着，竟有些爱不释手，最后，他把那块石头放进了自己的邮包里。

送信的时候，村民们看到他的邮包里有一块沉重的石头，都感到不可思议。

“为什么要把这么重的东西放在包里？”

他取出那块石头冲着村民们晃了晃，得意地说：“你们有谁见过这么美丽的石头？”

村民们摇了摇头：“这里到处都是这样的石头，你一辈子都捡不完的。”

可是，他并没有因为大家的不理解而放弃自己的想法，反而产生了一个新的想法，他要用这些奇特的石头建一座奇特的城堡。

自那以后，邮差开始了另外一种全新的生活。白天，他一边送信一边捡这些奇形怪状的石头；到了晚上，他就开始琢磨怎么用这些石头来建一座城堡。

村里的人都觉得这个邮差疯了，用这些石头建一座城堡根本就是不可能的事。

二十多年后，邮差的住处附近，出现了许多错落有致的城堡。可是，在当地人的眼里，他不过是在做一个如同小孩筑沙堡一样的游戏。

20世纪初，一位记者路过这里发现了这座城堡，这里的风景和城堡的建造格局令他赞叹不已。他专门为薛瓦勒的城堡写了一篇文章。文章刊出后，邮差薛瓦勒和他的城堡成为人们关注的焦点，连著名艺术家毕加索也专程拜访了薛瓦勒和他的城堡。

今天，这个城堡已成为法国最著名的风景旅游点之一。

据说，当年那块被薛瓦勒捡起的石头，如今被立在城堡入口处，上面还刻着一句话："我想知道，一块有了愿望的石头能走多远。"

是的，如果有了愿望和梦想，石头也能远行。可是现在的人们却渐渐忘记了为自己的梦想而努力。在这样一个狂欢享乐的时代，各类休闲娱乐方式充斥着我们的生活，让我们年轻的身体和心灵被浮躁占据，被尘嚣埋没，一步一步走向庸碌的人生。其实，梦想就像是一盏心灯，无论走到哪里，你都能感受到它的普照与感召。

很久很久以前，有一个养蚌人，他想培养一颗世上最大最美的珍珠。

他去海边沙滩上挑选沙粒，并且一颗一颗地问那些沙粒，愿不愿意变成珍珠，那些沙粒都摇头说不愿意。养蚌人从清晨问到黄昏，他都快要绝望了。

就在这时，有一颗沙粒答应了他。

旁边的沙粒都嘲笑起那颗沙粒，说它太傻，去蚌壳里住，远离亲人、朋友，见不到阳光、雨露、明月、清风，甚至还缺少空气，只能与黑暗、潮湿、寒冷、孤寂为伍，不值得。

可那颗沙粒还是无怨无悔地随着养蚌人去了。

斗转星移，几年过去了，那颗沙粒已长成了一颗晶莹剔透、价值连城的珍珠，而曾经嘲笑它傻的那些伙伴们，依然只是一堆沙粒，有的已风化。

也许你只是众多沙粒中最平凡的一颗，但只要你有要成为珍珠的信念，并且忍耐、坚持，当走过黑暗与苦难的长长隧道时，你就会惊讶地发现，在不知不觉中，你已长成了一颗珍珠。每颗珍珠都是由沙子磨砺出来的，能够成为珍珠的沙粒都有着成为珍珠的坚定信念，并为之无怨无悔。

很多人都曾有过怀才不遇的感觉，自认为自己的才华未得到别人的认可，能力无处施展。这时候，不妨反观自身，努力弥补自己的缺陷，使自己的满腔热情与自信在沉淀之后变得更加坚定。

黑暗告诉我，世界美如斯

在那些经历过黑暗，并走出黑暗的人心里，总会存在着不可磨灭的痕迹。然而，那些悲伤、那些苦痛、那些坎坷都是一笔可贵的财富，若能正确且欣然地接受它们，它们就能在你身上发挥出巨大的作用。没有经历过黑暗的人，很难真正了解光明的可贵，只有那些真正经历过哀伤的人，才能在苦难之中涅槃重生，变得更加坚强、更加勇敢。

莲娜是个不幸的孩子，十岁时母亲因病去世。她的父亲是一个长途汽车司机，经常不在家，也无法给莲娜提供正常的生活所需。因此，莲娜自从母亲过世以后，就必须自己洗衣做饭，照顾自己。

然而，老天爷并没有特别关照她。当她十七岁时，父亲在工作时不幸因车祸丧生，从此莲娜再也没有亲人能够依靠了。

噩梦还没有结束。在莲娜走出悲伤，开始独立养活自己之时，却在一次工程事故中，失去了左腿。

然而，一连串意外与不幸，反而让莲娜养成了坚强的性格。她独立面对随之而来的生活不便，也学会了拐杖的使用，即使不小心跌倒，她也不愿伸手请求人们帮忙。最后，她将所有的积蓄算了算，正好足够开一个养殖场。

但老天爷似乎真的存心与她过不去，一场突如其来的大水，将她的养殖场化为乌有，但她仍然满怀希望，积极拥抱生活。

正是悲惨的生活造就了莲娜的坚强，所以生活的悲哀并不仅仅如同表象展示出来的那样，只是带给我们伤痛，而是在用另一种方式来完善我们的精神。

我们沉下心来，静静地品味那些生命中的黑暗时刻，你会发现，正是这些黑暗，让你明白世界的美好，也让你更懂得珍惜这种美好。

如果你怕黑，那么就请准备一束光吧，时刻放在心里面，藏在眼里面，当黑暗真的来临时，就用这束光把黑暗照亮。树木会在被切除树干的地方生长出嫩芽，心中的热爱与希望，会在挫败的地方加倍滋长。

我们每个人都会经历失败，但这并不是一件坏事。因为不经过挫折或创伤，我们的人生是不丰富的，思想是不会逐渐变得成熟的。创伤带来的最大转机，是强迫我们找到一个目标。

罗杰是重度残障者：他没有左手臂，右手只有两根手指；左脚有三根脚指，右脚掌则遭切除。但他参加了各种各样的体育比赛，在当地深受人们的敬佩，一些大学陆续邀请他前去演讲，后来，他成为一名励志演讲者。

他讲起话来慢条斯理、从容不迫，又有幽默感。听众都很专注，但这并非因为罗杰是一个严重的残障者，而是因为他分享了许多了不起的智慧。只要他一开口，听众就被深深吸引。正如他说："生命的悲剧不在于没有达到目标，而在于没有目标可以达到。"

当人们得知他是国内某网球协会的教练，同时，还获得了国内某知名大学的学位后，就有听众问他是如何做到这一切的。他说："每个人都可以不同凡响，但你首先得去做不同凡响的事。"

罗杰是一个遭遇过严重创伤的人，在经历过一切后，他感到自己很快乐、满足。因为对他们而言，每一天的生活都代表了一个新的挑战与新的目标。

人生中，快乐带给我们愉悦，痛苦则能带给我们回味；光明让我们如常地行走，黑暗却让我们停下脚步，品味世间至美。

圆熟的尽头是衰朽，纯真的背后是勇气

美国知名主持人林克莱特一次采访一个小男孩，他问道："你长大后想要干什么呀？"

小男孩天真地回答："我要当飞机驾驶员！"

林克莱特接着问："如果有一天，你的飞机飞到太平洋上空，引擎熄火了，你会怎么办？"

小男孩想了想："我会先告诉坐在飞机上的人绑好安全带，然后我带上我的降落伞跳出去。"

听到这里，你是不是和当天的现场观众一样笑得东倒西歪了呢，不过林克莱特没有，他继续注视着这个孩子，想看看他究竟是不是个自私冷漠的家伙。没想到，他发现小男孩的眼睛里盛满了泪水。

于是林克莱特问他说："为什么要这么做？"

小男孩的答案透露出一个孩子真挚的想法："我要去拿燃料，我还要回来！"

多么天真，多么可爱的孩子！在我们还没听完小男孩的话就嘲笑他"自私"时，其实，我们更该嘲笑的是自己因为饱尝太多冷暖而对一切都抱以世故的心——我们哪里能体会得到小男孩那纯真而勇敢的灵魂呢！

很早以前，林语堂就说过："圆熟不像圆滑令人反感，圆熟是生存正常的需要。"的确，我们需要圆熟来帮我们在红尘中安然前行，我们需要世故来帮助我们在尔虞我诈中保护自己最基本的利益。我们需要这些现在已经被称为"成熟"和"智慧"的技能，但它们再必不可少，也仅仅是一种技能。

然而，除了生存的技能，圆熟往往需要更多的养料。

其中，最易失去也最让人怀念的，可能就是小男孩一样的纯真的心。年轻人刚出学校，总是满怀希望和抱负的，未来仿佛一块可以尽情描绘的画布，触手可及；人生也像一片可以恣意驰骋的大海，近在咫尺。但是入世久了，坎坷挫折遭受多了，艰难困苦经历多了，结果要么是纯真的心被染污了，要么就是善良的意愿渐渐变质了。或者本来很直爽的人，变得不敢说话了，本来很真诚的人，变得花言巧语……就这样，我们因为圆熟而得以生存，却也因为它而渐渐衰朽，远离幸福的山林。

其实，这都是因为我们每个人的人格不够独立，内心力量不够强大，不足以抵御冷酷的世界，不足以保护最初的那颗纯真之心。但我们应该提醒自己的是：独立人格、强大内心的源头活水不应该是历经磨难后的厚黑与城府。正所谓解铃还须系铃人，真正能帮助我们保持内心纯真本色，不受外界侵扰的力量，正是这纯真的“初心”本身。

纯真的“初心”是世间万物与生俱来的珍宝：婴儿的啼哭、树枝的摇曳、花儿的绽放、蟋蟀的轻唱，它们听凭内心的召唤创造出这些美的事物，是本性使然，没有特别的理由。只是，对我们长大的“孩子”来说，除了简单地“听从内心”以外，还得善加守护才行。

对此，《麦田里的守望者》的主人公霍尔顿最有发言权。16岁的中学生霍尔顿·考尔菲德出生在纽约一个富裕的中产阶级家庭。老师和家长强迫他好好读书，为的当然是出人头地，将来过上体面的生活。但就像今天的许多十五六岁的孩子一样，年轻的他看不惯周围的一切，也根本没心思用功读书，因而老是受罚，等到他第四次被学校开除时，他就不敢贸然回家。

于是，霍尔顿只身在美国最繁华的纽约城游荡了一天两夜，内心苦闷的他企图逃离虚伪的成人世界，去过一种纯朴的生活，但现实却不允许他这么做。最后，这种精神上无法调和的矛盾令他彻底失望，他对一切一点也不感兴趣……

那么，究竟怎么做才合适呢？加缪在剧作《卡利古拉》里为我们提供了两个选择：

舍雷亚说：“我们要想在这个世界里生存，就应该替它辩护。”

卡利古拉则答道："这个世界并不重要，谁承认这一点，就能赢得自由！"

其实，也许我们不该把太多的注意力放在是否该为这个世界辩护，是否该向一切妥协上，毕竟，这一切总有人会去做。我们要做的是像霍尔顿的那段著名的独白一样，守护好心底的那个最美的秘密："我将来要当一名麦田里的守望者。有那么一群孩子在一大块麦田里玩。几千几万个小孩子，附近没有一个大人，除了我。我呢，就在那混帐的悬崖边，我的职务就是在那守望。要是有哪个孩子往悬崖边奔来，我就把他捉住——我是说孩子们都在狂奔，也不知道自己是在往哪儿跑。我得从什么地方出来，把他们捉住。我整天就干这样的事，我只想做个麦田里的守望者。"

其实，霍尔顿在麦田里守望的那些纯真的孩子，何尝不是他自己呢？而那个守望者，正是他的勇气和坚持。叔本华说："赤裸是美丽身体的特权。"纯真也是真正的勇士的底色。当我们纠结于是向现实妥协，戴上圆熟的面具，还是卸下所有伪装，坦荡地为人处世时，可能我们需要考量的仅仅是：我是不是有足够的勇气，去承担那种纯真的生活方式，以及随之而来的磨练？

承载着旧时光，停靠在记忆深处

不记得是谁说过这样的话：我想象夕阳呈三十度角慵懒地散射着那座城市，我们坐在昏暗的小酒馆里，任凭闲暇的时间丰富了创造力，你在说着从前，我在想着找一列绿皮火车，去我们的理想国。

确然，绿皮火车是个让人发呆、神思、做梦的空间。咣当咣当，摇摇晃晃，山野清风，村落流水，绿皮火车载着一路的安宁静谧，穿行在人间大地。它总会把旅人送到想去的那一站，总会呈现最美的风景，总会提供最舒适的精神栖息地。但马不停蹄的时代还是一点一点抛弃了它，因为它不求上进，因为它与世无争。

2014年7月1日，在温州车站，中国铁路最后一辆跨局运行的绿皮火车在大家的留恋和注目中，缓缓驶向郑州，完成它职业生涯的最后一程。很多人在车站与2191次列车合影，似乎是和一个浪漫的时代告别。

绿皮火车给了我最初的远行印象。一张票、一个背包、一个座位、一扇窗子、一路风景。小时候，乘坐最多的是去外婆家的火车，车程不到3小时。但在自己小小的世界里，我一直把那当作远行。

起初，车票是一张硬纸板，上面似乎有凹凸小孔连成的数字，让我联想起盲文。后来的车票换成一张纸片，常常没下车就被我折成小船。绿皮火车是皮革座椅，三人或两人的长椅，没有分出独立的座位。车上没有空调，窗子可以打开。我经常找邻座的男生帮忙推开一半窗户，风吹进来，全是自然的气息。

我喜欢靠在窗边吹风，风中不停奔跑的是外面变换的风景，还有我凌乱的头发。绕过高山河流，路过花花草草，从早晨到中午，也没有开出这个小城。

绿皮火车是热闹的。在很久之前，作为祖国大地上几乎唯一的远行交通工具，绿皮火车每天都在上演僧多粥少、摩肩接踵的“闹剧”。听比我年长一点的人回忆，有票没票都一样，都有“受到排挤”的风险；脚可能是立着的，甚至是悬空的。有人睡在座椅下面，有人睡在行李架上，更有人躺在两个座椅的脊背上，为防止掉下去两手一直紧紧抓着行李架。去厕所可能是个比上车还难的事情，因为要穿过人群密度极大的过道，就算一路挤到厕所，开个门缝一看，里面早已经挤了四五个人。

我也有过这种热闹的经历。也是在去外婆家的火车上，到站时，我爸是从窗子跳下车的，然后我妈把我送到窗口，我爸接着，再去协助我妈。那时火车里人越多，大家挤得越开心，一面充分发挥自己的聪明才智，一面不忘在“患难”中与周围人相互照应，很少有横眉冷对的。

绿皮火车的旅程往往是漫长的。因为它照顾了沿途的每一个小站，走走停停，有人来，有人去。它的目的不是终点站，而是全过程。雾霭山岚，树林溪流，一路的风景尽收眼底。绿皮火车是宽厚包容的。都说它是轨道上“路权”最低的火车，在我看来，在动车、高铁出现之后，它更像一个与世无争的老人，为了给所有快车让路，它常常会牺牲自己的工作效率。

绿皮火车是孤独的。耗时的旅途也拉长了乘客百无聊赖的时间。人们只能把目光对着窗外，或许有值得一看的景观。但看得久了，也觉得乏味。况且，大多时候是一马平川的土地，或者高楼林立的城市。到夜里灯火阑珊时，更加寂寥，思绪绵长，惆怅自来。

为了避免被这些消极情绪侵扰，在不拥挤的情况下，最常见的消磨时光的方式就是打牌。小小的茶几成了临时牌桌，三五成群，认识的、不认识的都聚在一起，有人打牌挥手高呼，有人围观暗自称快。那些不会打牌的，也开始向邻座的人招呼问候，话头一牵，家长里短、邻里乡亲就这样扯开了。于是，车厢里散布着一个个欢乐的聚点，毫无察觉地穿过外面孤独苍茫的黑夜。

绿皮火车是接地气的。很早以前的火车没有窗帘，阳光透过玻璃窗跳跃在旅人脸上，阳光太强烈的时候，人们就会把外套挂在窗子两侧的衣钩上，成为实用简单的自制窗帘。最熟悉的还是那句“啤酒饮料矿泉水，花生瓜子八宝粥”，带着固定的节奏韵律，响遍车厢。公认的横批便是：腿收一下。

如今的绿皮火车，只在各个中小城市穿行。所幸，去外婆家的那辆火车一直没有变化。这么多年，我还记得行到何处有神秘的山洞，何处有抗战遗留的残破炮楼，五月满山开遍映山红，腊月江面十里冰封。比起高铁的飞速和动车的舒适，绿皮火车在沉默中坚持着慢节奏、原生态。然而，在这个与时俱进的年代，它最终离我们越来越远。

在外婆家附近还有一条废弃的铁轨，在上面不用担心玩耍入迷来不及躲避火车。碎石子依旧堆在铁轨下面，野草随意长在其中。铁轨锈迹斑斑，都是岁月老去的印痕。我曾喜欢踩在枕木上，或者就坐在那里，仿佛在沉思中能听到那绿皮火车亲切的长鸣。

当最后的绿皮火车把我们送到目的地，我们分散于城市各个角落的时候，它便转身离去。它挽留不住这个一往无前的时代，于是承载着所有旧时光独自驶向昨天，停靠在记忆深处，随时等待我们的光临。

绿皮火车也许永远无法带我们抵达社会潮流最前端的理想国。我们的目的地究竟是什么？伟大的人类文明告诉我们向前看，向前奋斗，慌张匆忙地追赶时代的脚步。

物质生活越来越丰富的时候，我们以为这就是想要的幸福。而蓦然回望，身后那依稀可辨的色彩才是被忘却已久的温暖，比如那墨绿的邮筒，比如那绿皮的火车。

人生最大的享受是磨砺

在追求成功的道路上，很多人天赋异禀，但因为没有毅力，很难到达胜利的终点；而那些资质平平的人，却可以凭借恒心，点滴积累，看到成功之日。正所谓：十年磨一剑，功夫全在磨。能坚持的人笑到最后，耐跑的马脱颖而出。

2006年，一部名叫《明朝那些事儿》的历史小说声名鹊起，受到千万读者的热烈追捧。这部小说风行十余年，2019年推出漫画版，2021年推出增补版，大众均深表不错。小说的作者“当年明月”才华横溢，嬉笑怒骂皆成文章。殊不知，在现实生活中，“当年明月”却是一个毫不起眼，有点木讷内向的小伙子。

“当年明月”本名石悦，1979年出生在一个平凡的家庭，他性格内向，成绩中等，没有任何特长，从小到大，一直被身边的人视为资质平庸、将来不可能有多大出息的男孩。石悦唯一有点与众不同的地方，就是对历史的痴迷。小时候，别的男孩子都喜欢变形金刚、武侠小说，石悦却对《上下五千年》等历史书籍情有独钟，百看不厌。进入大学，许多同学忙着享受精彩的大学生活，而石悦仍然将自己的课余时间全都交给了历史相关书籍。

大学毕业后，石悦考取了公务员。工作之余，石悦唯一的爱好依旧是躲进史书中与各朝各代的历史人物交友为伴。石悦成了众人眼中的另类，甚至大家觉得他有点孤僻。

直到有一天，一本名叫《明朝那些事儿》的历史小说在天涯论坛、新浪网站“风起云涌”，很多出版商赶到石悦的单位争相要和他签订出版合约时，同事们才知道，这个平时毫不起眼、有点木讷内向的小伙子就是大名鼎鼎的当红作家“当年明月”。

后来，有媒体记者向石悦讨取成功经验时，他调侃地说道：“比我有才华的人，没有我努力；比我努力的人，没有我有才华；既比我有才华，又比我努力的人，没有我能熬！”

石悦的成功确实是熬出来的，正因为他十年如一日地耐得住寂寞，迷恋于历史，才会换来今天的成就。石悦从忍受煎熬到享受煎熬的过程，完成了一个成大事者历经磨砺，进而蜕变腾飞的华丽转身。

人生本就是一个修炼的过程，那些成功的人之所以能成功，并不是他们有与生俱来的天分，而是因为他们的坚持不懈，更重要的是能够调整自己的心态，在沉稳中磨炼身心。

所谓“磨”，就是要磨炼心性，聚精会神做一件事的过程和态度。无论何时，遇到怎样的困难，成功者都能为了实现某种目标而采取“磨”的态度，他们具备超凡的忍耐力，总能坦然面对生活中的各种磨难，爆发时才能撑得起未来的辉煌。

成功来自坚持，功夫全在磨。“磨”不是怯懦的忍耐，而是为了实现某种目标而采取的积极态度和方式。

人闭上眼睛，是为了和自己相见

人们总是习惯睁大眼睛，仔细打量周遭的、网上的、世界的一切，生怕错过一个新的资讯，跟朋友闲聊时却没了谈资。殊不知，我们眼里看到的一切，都会成为我们内心的投射。是宁静祥和还是紧张烦躁，都取决于我们的眼睛望向哪里。夏正正的这句"人闭上眼睛，是为了和自己相见"就是给我们的相对温柔的提醒吧，要是生活这个"糟老头子"亲自出马，也许就不会这么仁慈了。

草木枯荣，红尘哀乐，鸟鹊争鸣，与我们何干？不如一个人静下来，闭上眼睛，和自己完完全全地在一起，不管是在林下入定，还是在自己的房间里静卧，或是在一个有人或没人的地方，沉浸在自己内心的无边静谧和遐想里。因为"只有独处的时候，一个人才会了解自己”，而不了解自己的人，一切喜怒哀乐都少了点真实和厚重。

探险家大卫·尼尔说：“一个人独处的甜美经验是笔墨难以形容的。心灵和感觉在不断观察和反省的沉思中，发展出敏锐度。”可有多少人已经忘记了这种“甜美经验”，对美好事物的感受也变得愈发迟钝。早晨，我们要跟无数人去挤公交车；中午，我们要陪客户、上司共进午餐；晚上，我们还要抽空联络一下许久不见的朋友……日复一日，我们哪里还有独处的时间呢？也正因为如此，我们的生活才愈发显得忙碌、琐碎和乏味。

为了给我们的内心换一换风景，我们需要常常停下匆忙的脚步，找一段时间安静地独处，在那个当下，和自己完美地相遇。当然，你也许会担心把家人朋友晾在一边不太好，但这种想法，其实来源于我们对自己的欺骗——虽然要处理的事很多，但我们每天不是还能余下很多时间去看一些没有营养的肥皂剧，浏览一些不知真假的娱乐八卦吗？难道就抽不出十几分钟和自己单独相处吗？

独处不仅不会影响我们和外界的联系，相反，它还会让我们在待人接物时更加淡定和从容。“接客如独处，独处有佛祖”，当我们从时常的独处中获得了内心的安详和笃定，再去与人相处时，就会摆脱常人的紧张和烦乱，不仅自己内心祥和，也让别人感到舒服，就像佛祖那春风化雨的言行举止一样 。

安宁的独处是生命的需要，但问题是独处的时候，我们该做点什么呢？单纯地坐着或躺着吗？其实，我们在和自己独处时，能做的事实在太多了！

一是思考一些没有答案的问题。也许你会觉得可笑：“这算什么？”殊不知“人是一株会思想的芦苇”，当我们远离了那些看似没有意义的思索，我们的人生也就真的没有多少意义了。我们知道财富是好的、光阴是宝贵的、家人是重要的，但我们是否想过，那个拥有财富、享受时光、爱着亲人的“我”，到底是谁呢？他的本来面目是什么？他真正喜爱的是什么？他打算怎样度过自己的一生？这些问题对一些人来说只是无聊的文字游戏，但对另一些人来说，却是真实的架在颈项上的利剑，迫切需要解答。

虽然这些问题似乎永远都没有答案，但对它们的每一次思考，都会让我们更接近心中那个真实的自己。西方有句谚语说：“人类一思考，老天就发笑。”但如果我们因此就停止思考，岂不更加可笑？

二是反思自己。“静坐常思己过，闲谈莫论人非。”古人早就提醒我们，一个人静坐时要常常思考自己的行为，想想对哪些过错是被我们忽视了的。如果你想起了昨天因为工作劳累而对家人态度冷淡，今天就买点小礼物，早点下班回去逗他们开心；如果你想起了就在刚才和同事因为一个分歧而言语不快，马上就去和他开个玩笑，让芥蒂在笑声里烟消云散；如果你想起了曾经十分向往的一处山川，马上就着手安排一下时间和路线，找个周末或是长假，把曾经的自己，在天地间拾起；如果……

这样的反思，是不是比工作总结和年终汇报更值得我们花费宝贵的时间呢？

三是培养自己的“慢性子”。一个人的时候，我们总是要比和别人在一起时轻松自在，做事的频率却变慢了，要么伸伸懒腰，要么在床上打几个滚。总之，不用拘谨，也不必着急。这样的自在，是我们在匆忙的城市生活里很难寻觅到的。试着培养自己的“慢性子”吧，慢慢地翻着书页，仿佛被翻过的那一页上的文字会永远消失；慢慢地清洗晚餐后的瓜果，仿佛那每一颗、每一个，都是家人的一次温暖微笑；慢慢地抚摸爱人的头发，仿佛那一缕青丝，转眼就会成白发……

慢慢地，把自己的生活，把那一杯人人都有的清水般的生活，过成一池散发着清香的莲塘。

从现在开始，和自己在一起。体会眼前、脑海、心底的一切，让他们一一浮现、展开，再把他们一一折好、安放。等你静静完成了这一切，心满意足地继续上路时，你会蓦然发现，自己从里到外已经焕然一新，那是一种多么安宁而笃定的感觉！

唯有掏空自己，才有被盈满的可能

有人说过这样一句话："如果你想喝一杯高档的咖啡，就必须首先把自己杯子里的速溶咖啡倒掉。"这可能就是人们常说的"归零"。如果你掌握了一定的知识，有过一些成功的经历，这就好比水杯中已经装了好多水。当你面对新的环境，要接受新的工作挑战时，你能否成功，一定程度上，取决于你能否倒空你杯中的水，静下心来从头学习、从头做起。只有把过去归零，把自己掏空，从头开始，你才能荣辱皆忘，放开手脚，发挥出较从前更高的水平。

年轻的时候，艾莎是一个有野心的人，什么都要追求最好的，拼命想抓住每一个机会。有一段时间，她手上同时有十三个广播节目，每天忙得昏天暗地，她形容自己："简直累得跟狗一样！”

事情都有两面性，所谓有一利必有一弊，事业越做越大，她的压力也越来越大。到了后来，艾莎发觉拥有更多的东西不是一件快乐的事，反而是一种沉重的负担。她的内心始终没有安全感。

1995年“灾难”发生了，她独资经营的传媒公司被恶性倒账四五千万美元，交往七年的男友和她分手了……一连串的打击直奔她而来，在极度沮丧的时候，她甚至考虑过结束自己的生命。

在即将崩溃之际，她向一位朋友求助：“如果我把公司关掉，我不知道我还能做什么？”朋友沉思片刻后回答：“你什么都能做，别忘了，当初我们都是从‘零’开始的！”

这句话让她恍然大悟，也让她勇气再生：“是啊！我们本来就一无所有，既然如此，又有什么好怕的呢？”她振作了起来，开始继续努力工作，没有想到在短短半个月之内，她连续接到两单很大的业务，濒临倒闭的公司又重新运转了起来。

经历这些挫折后，艾莎体悟到了人生无常的一面，有时候费尽力气去强求，虽然勉强得到，最后可能也留不住；反而放空了、清零了，随之而来的是更大的能量。

她学会了“舍”。为了简化生活，她谢绝应酬，搬离了一百五十平方米的大房子。索性以公司为家，住在一个十平方米不到的空间里，淘汰不必要的家具，只留下一张床、一张小茶几，还有两只做伴的狗。

艾莎赫然发现，原来一个人真正需要的其实并不多，许多附加的东西只会徒增无谓的负担而已。

朋友不解地问她："你为什么都不爱自己？"她回答："我现在是发自内心地爱自己。"她得到一个结论：简单一点，人生反而更踏实。

有时候，归零也是一种很不错的选择，当你觉得压力太大，或者实在难以承受时，不妨勇敢地放弃这些过重的负担，将自己掏空，这样才有可能吸纳和获取更多的能量，实现心灵上的充实。

在忙忙碌碌中，我们常常不经意地丢了自己，以为什么事情都无法改变了，以为自己就这样被岁月磨去了棱角。其实，只要你保持一颗初心，无论什么时候，无论生活发生了怎样的变化，你都能找到最初的自己。

丽莎从小就特别敏感而腼腆，她一直很胖，而她的脸使她看起来比实际还胖得多。丽莎有一个很古板的母亲，她认为穿漂亮衣服是一件很愚蠢的事情，因此总是对丽莎说："宽衣好穿，窄衣易破。"母亲总照这句话来帮丽莎选衣服，丽莎从来不和其他的孩子一起做室外活动，甚至不上体育课。她非常害羞，觉得自己和其他的人都"不一样"，完全不讨人喜欢。

长大之后，丽莎嫁给一个比她大好几岁的男人，可是她敏感、害羞，甚至自卑的性格并没有改变。她丈夫一家人都很好，每个人都充满了自信。丽莎尽最大的努力想像他们一样，可是她做不到。他们为了使丽莎变得开朗而做的每一件事情，都只是令她更退缩到她的壳里去。丽莎变得紧张不安，躲开了所有的朋友，情形坏到她甚至怕听到门铃响。丽莎知道自己是一个失败者，又怕她的丈夫会发现这一点，所以他们每次出现在公共场合的时候，她都会刻意去模仿某个人看似优雅的动作或表情。她假装很开心，结果常常做得太过。事后，丽莎又会因为这个难过好几天，最后不开心到她觉得再活下去也没有什么意义了，丽莎想自杀。

一天，她的婆婆与丽莎谈怎么教养自己的几个孩子，她说："不管事情怎么样，我总会要求他们保持本色。"

"保持本色！"一刹那，丽莎才发现自己之所以这么苦恼，就是因为她一直在试着让自己适合一个并不适合自己的模式。

丽莎后来回忆道："一夜之间我整个人改变了。我开始保持本色，不再去模仿任何人。我试着研究自己的个性，寻找自己的优点，尽我所能去学习色彩和服饰知识，尽量以适合我的方式去穿衣服，主动地去交朋友。我参加了一个社团组织——起先是一个很小的社团，他们让我参加活动，把我吓坏了。可是我每发言一次，就增加了一点勇气。今天我所有的快乐，是我从来没有想到可能得到的。在教养我自己的孩子时，我也总是把我从痛苦中所学到的东西教给他们，'不管事情怎么样，总要保持本色'。"

在生活里，我们总会遇到很多烦心的事情，于是我们开始烦躁不安，开始发脾气，情绪化使我们丧失了理智，于是我们就在一种恶性循环里丢失了生活的幸福，一切都变得一团糟。

这个时候，我们最好保持一颗愿意“归零”的心，保持自己的本色，不要让多变的生活扰乱我们的人生航向，这样我们才能再次获得幸福。

大胆一点吧，何必总让自己陷于一片泥泞

我们都难以避免地要在生命的泥泞中与现实的汗水中淋漓尽致地摔跤搏斗，而生命就是在这样一次次的搏斗中开始蜕变的。我们不要将自己陷在一片无法自拔的泥泞中，大胆一点，冒险一点，置之死地才能后生。

唯有经历各种各样的痛苦和艰难，生命的宽度才能不断拓展。通过一次又一次与各种苦难握手，历经反反复复的较量，人生的阅历就在这个过程中不断丰富。

蝴蝶的幼虫是在一个开口极其狭小的茧中度过的。当它的生命要发生质的变化时，这个狭小的口对它来讲无疑成了“鬼门关”，它那娇嫩的身躯必须竭尽全力才可以破茧而出。许多幼虫在往外冲杀的时候力竭身亡，最后成为“飞翔”的

祭品。

有人怀了悲悯之心，企图将那幼虫的生命之门弄得宽阔一些。他们用剪刀把口剪大，然而这样一来，所有受到帮助而见到天日的蝴蝶幼虫都无法蜕变成真正的精灵——它们无论如何也飞不起来，只能拖着丧失了飞翔功能的双翅在地上笨拙地爬行！原来，那“鬼门关”的狭小的口恰恰是帮助蝴蝶幼虫两翼成长的关键所在。破茧的时候，通过用力挤压，血液才能被顺利输送到蝶翼的组织中去；唯有两翼充血，蝴蝶才能振翅飞翔。人为地将茧的开口剪大，蝶翼组织就失去了充血的机会，爬出来的蝴蝶便永远与飞翔绝缘。

人成长的过程恰似破茧成蝶的过程，在痛苦的挣扎中，意志得到磨炼，力量得到强化，心智得到提高，生命得到升华。当你从痛苦中走出来时，就会发现，你已经拥有了飞翔的本领。如果你不曾经受挫折，也许你就会像那些受到“帮助”的蝴蝶幼虫一样，萎缩了双翼，一生平庸。

人生是一次旅行，而前方密布错综复杂的道路，没有人知道即将踏上的旅程是怎样蜿蜒曲折，也许会遇上虎视眈眈的猛兽，也许会遇上荆棘密布的丛林。但不管遇到什么，我们都只能不畏困难地勇敢前进，因为人生的路途中，我们不能后悔，也不能回头。人生路上，我们要走出自己理想的曲线。用生命诠释这种想法的人，是星云大师。

很多年前，每次早课讽诵《楞严咒》中“将此身心奉尘刹，是则名为报佛恩”一句时，这个年幼的小沙弥都会在心中暗暗发愿：“将来，我一定要把全部的身心奉献给弘法利生。”世事蹉跎成白首，六十年甲子轮回间，当年的小沙弥早已修行成受人尊敬的佛学大师。他就是佛光山的开创者星云大师，虽然被弟子信徒推崇备至，但大师为人依旧谦和低调。他的每一场演讲都吸引了很多人，虽不至出现夹道欢迎的盛况，但众人虔心求教的场面也蔚为壮观。从一个食不果腹、六年间只穿两身衣服、鞋子破了拿纸垫的小沙弥，成长为屹立在两千多年悠悠佛教历史长河中的一座丰碑，他把“人间佛教”的火种播撒五洲大地。正如媒体评论所说：“如今的星云大师，不只属于佛光山，不只属于中国，已经是全世界、全人类的宝藏。”这一条星云大师用六十年走出来的路，可谓波澜壮阔，就像一条河，真正流出了自己独特的曲线，成就了一代佛学大师。

没有谁的路永远是一马平川的，有平坦大道必有荆棘小路，只有坚定地走下去，承受一切悲喜，才能到达人生的终点，书写一次美好的旅程。为他人所左右而失去自己方向的人将无法获得属于自己的幸福。自己的路自己走，与他人何干？谁能代替你走路吗？谁能代替你做决定吗？谁能站在你的立场、角度去看问题吗？答案当然是否定的。自己的人生要自己做主，自己的命运需要握在自己手中。

1832年，有一个年轻人失业了。而他下决心要当政治家，成为州议员，糟糕的是他竞选失败了。在一年里遭受了两次打击，这对他来说无疑是痛苦的。但他并没有气馁，他告诉自己，失败只是暂时的，只要努力，成功一定会降临到自己身上。他又着手办企业，可一年不到，企业就倒闭了。在之后的十七年里，他不得不为偿还债务而四处奔波、历尽磨难。此间，他再一次竞选州议员，这次他终于成功了。他认为自己的生活可能迎来转机。可就在离结婚还差几个月的时候，他的未婚妻不幸去世。他心力交瘁，卧床不起，患上了严重的神经衰弱。1838年，他觉得身体稍稍好转时，又去竞选州议员，却失败了；1843年，他又竞选美国国会议员，但这次并没有成功……试想一下，如果你处在这种情况下会不会放弃努力呢？他一次次地尝试，一次次地失败。企业倒闭、未婚妻去世、竞选败北，要是你碰到这一切，你会不会放弃你的梦想？但他没有放弃，尽管不幸一次次降临到他的身上，他始终积极而坚强地面对生活。他始终告诉自己，尽管现实很残酷，但只要自己不认输，就一定能够扭转局面！1846年，他又一次竞选国会议员，终于当选了。在往后的时光里，他仍在失败中奋起，一次又一次地努力。1860年，他成功当选美国总统。这位在失败中奋斗的英雄就是林肯。

林肯的这条人生路是曲折的，也是辉煌的，他走出了自己最美妙的人生曲线。人活着，就要走路，人生的路是人走出来的，命运是由我们自己决定的。人生最重要的是要走出一条不一样的路，而不在乎它有多曲折。心有多大，舞台就有多大。如果一个人丝毫没有突破前人的气魄，那他的心只会囿于现有的视野，庸碌一生。要想超越平庸，那就要像一条河那样，即使前路曲折蜿蜒，我们一样能流出自己理想的美妙曲线。

第四章

有太多行李，就不要开始一段旅程

孤独要趁好时光

哲学家尼采说:“孤独是美的，因为它纯净生活。”雕塑家罗丹的说法有一点点不同，他说:“艺术是孤独的产物，因为孤独比快乐更丰富人的情感。”而我，更喜欢鲁迅说的那句话:“当我沉默着的时候，我觉得很充实；我开口说话，就感到了空虚。”

三位大师的观点，源自他们对生命的理解，也是他们孤独、曲折的人生写照，可谓精辟之言。而我暗自思忖的是：孤独，这种人类最常有的情感，是否真的有益于完善人的内心？是否真正为智者所拥有？

我只知道孤独的深处往往迭现世事的美好：高山的峰巅是孤独的；大海的深处是孤独的；高远的蓝天是孤独的；草

原上唱歌的牧羊人是孤独的；排着“人”字形迁徙的雁群是孤独的……

屈原在孤独中悲悯众生，他的诗歌有高远的境界；贝多芬在孤独中吞咽不幸，他的音乐有穿透人心的力量；拿破仑在孤独中笑傲命运，他的生命之旗一直在“滑铁卢战役”之前猎猎作响！孤独是一种经过内心复杂斗争后积淀的情愫，把生命栏杆拍遍了的人，才会拥有这份深刻的情感。智者的孤独与少年强作悲愁的孤独大为不同，因为理智的孤独者已不会自囚在孤独里。孤独是智者向红尘俗世亮出的一张免战牌，又是遁入真我世界的一张通行证。因此，拥有孤独的人最能触摸到自己的内心。

快乐并不是人类永恒和终极的情感，因为生活的琐碎和世事的无常都在逼仄着快乐的空间，也让快乐的体验变得多样复杂。为了证明我们的快乐，我们不得不戴上心理的面具去演出圆滑。而孤独者却不相同，他们在苦难里磨炼自己，把欲望轻轻放下，把最坏的视为平常，把求人转为自助，这时的孤独者也是命运的掌握者。只要生命中有一点点的收获，孤独者便得到了人生的一点点真收获，体验到了人生的真欢喜。这时，我们发现孤独扩大了快乐的外延。只是，孤独者已习惯将快乐轻轻收藏，他们的脸上难见常人的欢颜。我们听到孤独的智慧者在说：“真的快乐不是披在身上供人观赏的华服，而是自己给自己的内心挂上的一串珍珠。”

成大器者，多经历人生跌宕沉浮，而跌宕沉浮的深处，多以孤独为基调。犹如为严冬命名的，不是那显眼的一大片一大片的雪花，却是挂在屋檐上的一串串沉默的冰凌。

日本作家川端康成说：“我独自一个人时，我是快乐的，因为我可以孤独着；与人相处时，我发现我是孤独的，因为我已经变得快乐。”有时，我们因为刻意让别人快乐，而扭曲了我们自己需要的孤独。

“给我快乐，毋宁给我孤独。”我们最终听见孤独的海明威如是说。其时，海明威的胸怀像他笔下《老人与海》里的那片大海一样宽广。

孤独是智者最终的情感归宿。因为孤独的人生并不代表人生的孤独，而恰是孤独把生存者的快乐放大，而且为孤独者独享。

波澜万丈的生活激荡人心，令人心驰神往，但在人生的河流中，更多的则是平静，我们总要学会一个人慢慢地享受人生，总会有那么一个时刻，我们是孤独无助的。但不要害怕，因为这本身就是人生给我们的最高馈赠，正如罗曼·罗兰所说：“世上只有一个真理，便是忠实人生，并且爱它。”那么，当孤独来临时，去体味它、享受它，在欣赏完夏花的绚烂之后，不妨静下心来，品读秋叶的静美。

孤独是一朵静静开放的莲花，人只有在静默独处时才容易发现和感受具有终极价值的事物，因此与其一味哀叹，不如勇敢面对孤独，体会淡泊，克服孤独带来的心灵困扰。

孤独的人努力奋斗，不断地探索，有着对真理永无止境的追求。这是一种永恒的孤独，但孤独者诠释了生命的意义。孤独者的路是自己走的，他不随波逐流，在孤独中自得其乐。

享受孤独的人，欣赏自己，以及自己的所作所为。在孤独中，他获得了自己给自己的最大的回报。孤独者拥有一颗淡然的心，在自己的世界里取得属于自己的成就。他能漠视周围人的诧异的眼光，走自己的路。

抛却妄念，给心灵减负

自古至今，人类都很难摆脱欲望。在追逐欲望的过程中也涌现出一些有明智之举的理性人物。罗马哲学家塞涅卡说："最大的财富，是在于无欲。"还有一句话"知份心自足，委顺身常安"，这其中的玄机，只能靠我们自己去参悟了。

当一个人抛却更多的妄念，耐得住寂寞，多珍惜自己已拥有的时候，他的幸福度会比较高。如果不安于现实，让欲望主宰自我，追求更多乃至无穷，最后会得不偿失。因为人总有一道底线，越过"道德的边境"，走入的将是人生的禁区。有许多底线是不能触碰的，一旦越过，必会抱恨终生。

拉尔夫是一位国际著名的登山家，他曾经在没有携带氧气设备的情况下，成功登顶了多座高峰，这其中还包括了世界第二高峰——乔戈里峰。其实，许多登山高手都以不带氧气瓶而能登上乔戈里峰为第一目标。但是，几乎所有的登山好手来到海拔六千五百米处，就无法继续前进了，因为这里的空气变得非常稀薄，几乎令人感到窒息。因此，对登山者来说，想靠自己的体力和意志，独立征服八千六百一十一米的乔戈里峰，确实是一项极为严峻的考验。

然而，拉尔夫却做到了，他在事后举行的记者招待会上，说出了这一段历险过程。拉尔夫说，在突破海拔六千五百米的登山过程中，最大的障碍是心里翻腾的各种杂念。在攀爬的过程中，任何一个小小的杂念，都会让人松懈意念，转而渴望呼吸氧气，慢慢地让人失去冲劲与动力，而"缺氧"的念头也会开始产生，最终让人放弃征服的意志，不得不接受失败。

拉尔夫说："想要登上峰顶，首先，你必须学会清除杂念，脑子里杂念越少，你的需氧量就越少；你的杂念越多，你对氧气的需求便会越多。所以，在空气极度稀薄的情况下，想要登上顶峰，你就必须排除一切欲望和杂念！"排除一切欲望和杂念，保持身心安定、清净、平和。身心清净，没有欲望和杂念的干扰，能量的消耗就会降到最低。

《庄子·内篇·德充符》中讲道："道与之貌，天与之形，无以好恶内伤其身。"庄子此句话的大意是，人要顺其自然，要不增不减，抛却心中的妄情、妄念、妄想，保持一片清明，这才是上天指给我们的"道"。其实，我们的人生就像一场漫长的旅行，当行囊过于沉重时，就应该拿掉一些累赘的东西，只有适当地放弃才能轻松自在地面对生活。

一个带着过多包袱上路的人注定不会走得快。如果总是让生命承载太多的负累，这个舍不得扔掉，那个舍不得放下，最终会被压弯了腰。事实上，只有卸下身上的包袱，我们才能轻松上路。

每个人都有欲望，欲望不在杜绝，而在节制。如果不懂得节制欲望的话，那么欲望就会像一个无底洞，任万千金银也难以填满，人就会被欲望左右，过得不幸福，甚至走上犯罪的道路。欲望是需要用“度”来控制的。对于真正会享受生活的人来说，任何不需要的东西都是多余的。适当放下是一种洒脱，也是参透人生后的一种平和。背负太多的欲望，总是为金钱、名利奔波劳碌，整天忧心忡忡，又怎么能快乐呢？只有抛却妄念，放下那些过于沉重的东西，才能得到彻底的放松。

其实，一个人真正所需的十分有限，许多附加的东西只是无谓的负担而已，人们需要做的是发自内心爱自己。曾有这样一个比喻：“我们所累积的东西，就好像是阿米巴虫分裂的过程一样，不停地制造、繁殖，从不曾间断过。”而那些不断增多的工作、责任、人际交往占据了你大部分的空间和时间，很多人整天忙着应对这些事情，早已喘不过气来，每天甚至连吃饭、喝水、睡觉的时间都没有。

就好像参加一趟旅行，当一个人带着太多的行李上路，在尚未到达目的地之前，就已经把自己弄得筋疲力尽。唯一可行的方法，是为自己减轻压力，就像扔掉多余的行李一样。

著名的心理学家荣格曾这样形容：“一个人步入中年，就等于是走到‘人生的下午’，这时既可以回顾过去，又可以展望未来。在下午的时候，就应该回头检查早上出发时所带的东西究竟还合不合用，有些东西是不是该丢弃了。道理很简单，因为我们不能照着上午的计划来过下午的人生。早晨美好的事物，到了下午可能显得微不足道；早晨的真理，到了下午可能已经变成谎言。”或许你已成功地走过早晨，但是，当你用同样的方式走到下午时，却发现生命变得不堪负重，这就到了该丢东西的时候了。

春秋时期，宋国有个人在山上开凿石料的时候发现了一块宝玉。他把宝玉带回家后，总担心宝玉会被盗走。考虑来考虑去，终于想出了一个两全其美的办法：他决定把宝玉赠送给一个有身份的人，这样多少还能留下一些人情。

于是，他带了宝玉悄悄地前往都城，要献给掌管工程的大臣子罕。子罕不解地问："你把如此贵重的宝物送给我，大概是要我帮你办什么事吧？不过，我是从来不接受别人赠送的礼物的。"他忙说："我没什么事要您帮我办。据玉工鉴定，这块宝玉是稀有之物，所以我要献给您。"子罕再次拒绝说："我决不能收下这宝玉。如果我收下了，你没了宝玉，我也会因此而失去清廉的美名，你和我都丧失了宝。"

他听不懂子罕这话的意思，只是呆呆地望着子罕。子罕继续说道："我以不贪为宝，而你以玉为宝。你把玉给了我，当然丧失了宝，但我收下了你的玉，也就丧失了不贪这个宝。这样，双方都丧失了宝，我们还是各自保留自己的宝吧！"

子罕的一句“以不贪为宝”，不禁让人茅塞顿开。究竟什么是宝，这是个仁者见仁、智者见智的问题。冯友兰先生说：“有许多事物，有些人视同瑰宝，有些人视同粪土。有些人求之不得，有些人，虽有人送他，他亦不要……事物虽同是此事物，但其对于各人的意义，则可有不同……我们可以说，‘仁者见之谓之仁，智者见之谓之智’。”

对大多数人而言，宝玉无疑是珍贵的“宝”，但对子罕而言，不贪才是他心中的“宝”。但想要永持此宝，谈何容易。有多少人能够在诱人的利益面前，始终秉持“不贪为宝”的心呢？

当局者迷，旁观者清。对于人性的弱点，每个人都有一定的了解，而一旦置身其中选择取舍时，往往就不是那么一回事了。这不是不识“庐山真面目”，只因“身在此山中”，这也是人性的一种悲哀。人要懂得克制，切莫因妄念失去生命中最重要的品格。合理地放弃一些东西吧，因为只有这样我们才能得到更珍贵的东西。

抛去心中的妄念，才能够使你于利不趋，于色不近，于失不馁，于得不骄，进入宁静致远的人生境界。

别让往事成心事，莫把前路当绝路

尤利乌斯是一个画家，而且是一个很不错的画家。因为他的画就像他自己一样，充满了快乐和祥和。可惜，并不是所有人都喜欢欣赏快乐，所以尤利乌斯的画卖得并不好。不过谁让他是个快乐的人呢，虽然每次想起自己的境遇他都会有点伤感，但也只是一会儿而已。

好心的朋友们劝他："玩玩彩票吧！只花两马克就可能会赢很多钱呢！"

于是，尤利乌斯花两马克买了一张彩票。结果想必你已经猜到了，是的，我们的尤利乌斯不仅收获了快乐，而且十分幸运地中了奖，整整五十万马克！

他的朋友都对他说："你瞧！你多走运啊！现在你还经常

画画吗？”

“我现在就只画支票上的数字！”尤利乌斯笑道。他买了一幢别墅，并对它进行了一番装饰。他很有品位，买了许多好东西：阿富汗地毯、维也纳柜橱、佛罗伦萨小桌、迈森瓷器，还有古老的威尼斯吊灯。

尤利乌斯很满足地坐下来，他点燃一支香烟静静地享受他的幸福时刻。突然，他感到有点儿孤单，便想去看看老朋友。他把烟往地上一扔——在原来那个石头做的画室里他经常这样做。然后他就出去了。

燃烧着的香烟躺在华丽的阿富汗地毯上……

一个小时以后，别墅变成了一片火的海洋，它被烧没了。五十万马克就这么被他的一个烟头毁掉了。

朋友们知道了这个消息，都来安慰尤利乌斯。

“尤利乌斯，真是不幸呀，节哀吧！”他们说。

“怎么不幸了？”他反问。

“损失呀！尤利乌斯，你现在什么都没有了。”朋友们有点不解。

尤利乌斯大笑道：“什么呀？我不过是损失了两个马克而已！而且，我又可以安心画画了，不是吗？”

朋友们听了，无不愕然，但又找不出反驳他的话来。

这样的情境是不是很熟悉呢？我们在学校、单位，甚至家里，是不是也常常会遇见这么“呆”的人呢？他们“盲目”乐观，一点也不懂得担忧，整天傻乐着，当你好心去提醒他时，他的奇怪解释又让你无话可说。对于这种人，我们往往感到“使不上力”。

只是，你有没有想过：那些使不上的“力气”，也许本来就不该使呢！既然大火已经燃尽了一切，我们干吗还要抱着那堆无用的灰烬哀叹呢？这样的力气，不使也罢。倒不如学学傻得可爱的尤利乌斯，只关心现在拥有的一切，让自己快乐起来：如果房子烧了才能重获心灵的自由和快乐，那就让它烧了好了，反正也只是一张花费两马克的彩票而已，就当不小心丢了。

别让已经发生的事情，成为桎梏我们现在的心事，这是再浅显不过的道理。但是，虽然聪明的我们在理智上都知道怎么取舍，但是在生活中，除了算工资时，我们的理智还有不打盹的时候吗？

说到这，我们倒是可以借由另一个相关的经典问题来分析一下为什么我们那么容易被不开心的往事打扰。这个问题就是：如果你中了五百万，你会怎么办？

当然，尽情吃喝、全球旅行等老生常谈的答案我们就不讨论了，问题是，你有没有想过：我们为何一定要接受这笔钱，让它粗鲁地扰乱我们正常的生活节奏和平静的心呢？这似乎是一个比尤利乌斯的解释更愚不可及的问题，但若是你真的静下心来想一想，也许，就会有不同的理解。

是的，面临着高昂的房价、忙碌的工作、复杂的人际关系，还有许许多多的不如意，前途一片迷茫，人生满是灰暗。如果突然有了五百万，这些不如意里的大多数想必都能解决吧，我们的前路也不再是绝路。但是，我们似乎忘了问问自己：这样突如其来的幸运在把我们大踏步地往前方领去的时候，是不是也逼迫我们放下些什么呢？而那些被放下的事物，是不是更加珍贵呢？

没有这五百万，我们今天思考的也许是：周末是妻子的生日，我得赶紧忙完手头的活，给她准备一个惊喜；有了这五百万，可能我们会花更多的时间去请教律师：这钱算是夫妻共有财产吗？离婚了要不要平分呀？没有这五百万，我们今天担忧的也许是：母亲的腿脚不好，下个月一定要回去帮她做点家务，陪她聊聊家常；有了这五百万，可能我们会豪气地雇一个二十四小时的贴身保姆，让她照料母亲的饮食起居，但当母亲提出想见我们一面时，我们可能已经在去马尔代夫的飞机上了。没有这五百万，我们今天可能会和朋友尽情调侃："没事，等我有钱了，我罩着你！"有了这五百万，我们也许就再也不会和朋友联系了，因为谁知道那个找你聊天的家伙是不是为了钱。

没有这五百万，你还是你自己，你还拥有一个完整的家、一个完整的朋友圈、一个完整属于你的今天。有了这五百万，也许我们不会像上面那些人那么无情，但至少，我们的心不会再安静地属于爱我们的人，甚至我们自己。其实，我们只要在百度里同时搜索"彩票中奖"和"悲剧"两个词，就能看见更残酷的、真实的例子。

现在，也许我们终于开始有点儿了解自己了，我们之所以会为过去的损失而揪心，会为明天的前路而着急，会渴望天上掉下来的馅饼来填饱这些无止境的欲望，仅仅是因为我们没有全然地活在今天、活在此刻、活在全心的爱和被爱里。我们已经拥有了太多太多，只是不懂得珍惜而已。

有句话说得好：“简约不是少，而是没有多余；足够也不是多，而是刚好你在。”只是，你是否也拥有一个可爱的人、一个纯粹的爱好、一种明媚的心情，能让自己在此刻、在任何时刻，都感到笃定快乐，心满意足呢？

放弃思考，学会呼吸

佛门的故事虽然多令人感到说教意味太浓，但怀着谦卑的心去聆听一番，也许就会有别样的收获。现代女性多喜欢练习瑜伽，殊不知，瑜伽正是古代印度僧人的一种修行方式。其中许多动作的背后，都有深刻的佛门智慧。另外，我们知道瑜伽在做动作的同时，还十分重视配合呼吸，对此，专家们的解释各异，而作为外行的我们倒是不妨追根溯源一番，看看在古老的印度，人们为什么这么重视呼吸。

一天，佛陀把弟子们叫到法堂前，问道："你们说说，你们天天托钵乞食，究竟是为了什么？"

"世尊，这是为了滋养身体，保全生命。"弟子们几乎不假思索。

“那么，肉体生命到底能维持多久？”佛陀接着问。

“有情众生的生命平均起来有几十年吧。”一个弟子迫不及待地回答。

“你并没有明白生命的真谛到底是什么。”佛陀听后摇了摇头。

另外一个弟子想了想，说：“人的生命在春夏秋冬之间，春夏萌发，秋冬凋零。”

佛陀还是笑着摇了摇头：“你觉察到了生命的短暂，但只是看到生命的表象而已。”

“世尊，我想起来了，人的生命在于饮食之间，所以才要托钵乞食呀！”又一个弟子一脸欣喜地答道。

“不对，不对。人活着不只是为了乞食呀！”佛祖又加以否定。

弟子们面面相觑，一脸茫然，又都在思索另外的答案。这时一个烧火的小弟子怯生生地说道：“依我看，人的生命恐怕是在一呼一吸之间吧！”

佛祖听后连连点头。

是啊，生命只在一呼一吸之间。曾经鲜活的脸庞，可能下一秒就会永远凝固。所以，我们可以大胆地猜测一番：注重呼吸的瑜伽，可能就是让我们通过有意识地控制呼吸，来觉知瞬息万变的世界，觉知因缘际会的自己，觉知我们安静之后心底真实的想法。这可能也是许多人不仅把瑜伽当成一种塑形的运动，更当成一种修炼气质的手段的重要原因吧。

其实，就算我们对瑜伽不感兴趣，也可以偶尔尝试一次灵性的瑜伽修炼。在这样的修炼中，我们可以一点点地拓展思维的“疆域”，拓展灵魂的“国土”，短暂地在广袤的天地间放飞自己，却在最深的心底，重新遇见那个最真实的自己！

首先，让我们学会放空自己，将注意力全部转移到呼吸上。这一步至关重要，因为真正困扰我们的，往往就是我们自己的大脑：当它因为无法预知未来的得失时，便会不断传递悲观焦虑的信号，所以我们才会犹如挂在干枯枝丫上的黄叶，飘摇零丁；当它因为无法感知到生命的真实温度时，便不断填充欲望来逃避寒冷，直至它膨胀成一个随时会爆炸的气球，在空中飘摇不定……这一切都由我们大脑的局限造成。所以，我们要做的一件事情，就是停止胡思乱想，集中注意力，去注意自己的每次呼吸。

等我们呼吸的节奏渐渐稳定下来，等我们开始熟悉这样的一呼一吸，冥想自然而然就来到了。这种冥想并非我们常说的“苦思冥想”，而是我们心灵的自然呼吸。是的，等我们安静地专注于身体的一呼一吸时，我们的心也就可以舒畅地呼吸了。

等到了这样的时刻，我们就可以自由地选择接下来“要去哪里”了：是回到外婆的澎湖湾，让柔柔的清风、金色的麦浪、野花、清晨的露珠来填满我们的心灵；是回到童年伙伴的身边，让那些天真的微笑、无邪的注视、温暖的言语和熟悉的身影来包裹我们的灵魂；还是回到心底的自留地，让五颜六色的问号、千奇百怪的幻想、谁也听不懂的密码写就的日记占据我们的心灵……

我们甚至可以自由自在地穿梭其中，奔腾、跳跃、滑落、旋转……

当然，我们也可以不去回忆和畅想任何画面，只是单纯地呼吸：呼，吸；呼，吸……

我们会在这样看似单调，实则体验丰富的情境中感受到最饱满的自己。这种饱满，来自于我们不带目的地去专注于一件细微的事情。这听起来很简单，其实，除了跟小伙伴一起玩游戏的孩子，绝大部分人早就失去这种能力了吧。回想一下冥想时我们脑海里闪过的画面：大自然、小伙伴、对世界的好奇、安静的心……现在的我们，还剩下哪一点呢？浮华和炫目将大自然挤出我们的视线；我们对伙伴的注视也从眼睛转向衣着；冷漠与无视更是将我们对世界的好奇心冰封，取而代之的是八卦娱乐；安静的心？别开玩笑了，沉默的人总是被大家忽略，谁还会安心地享受那份恬淡……

现在，我们总算能发现一点现在的这个自己，和我们想象中的相去甚远了吧。不如也来学学这有趣的灵性瑜伽吧，你也可以选择任意的、适合自己的姿势和方法：有的人适合静坐，有的人适合平躺；有的人喜欢专注于一个有趣的想法；有的人喜欢虔诚地做一次祈祷……都没关系，重要的是：我们在安静的“失去，找回，失去，找回”里，在缓慢的“呼，吸，呼，吸”里，重新拥有自己的身体和灵魂。

等待是为了更好地把握机会

高山无语，在静默中等待土石的堆积，故而成其巍峨；大海无语，在平静中等待百川的奔涌，故而成其浩瀚。等待可以成为一种伟岸，坚持也是一种博大。

多数伟大人物都有善于等待、善于隐忍这一个特征。他们之所以总是把平凡的事情做得不平凡，关键在于他们耐得住寂寞，反复做，在成功前善于隐忍，等待机会，只有这样才能抓住成功的机会。

克罗克原是一名没读完中学就出来打工的穷光蛋。为了维持生计，他找了一份推销员的工作。虽然每天辛苦忙碌，却在推销产品的过程中结交了许多朋友，积累了大量有关经营管理方面的宝贵经验。

克罗克非常聪明，颇有经济头脑，他通过市场调查发现当时美国的餐饮业已远远不能满足飞速发展的时代要求，需要改革。因此，他萌生了自己创办公司的想法。然而对于打工者的他来说，资金问题无疑是最头痛的事情，自己开餐馆根本就不可能。

最后，他想出了一个好办法。他找到了在做推销时认识的开餐馆的麦克唐纳兄弟，他希望自己可以到他们的餐馆中学习，边学习边等待时机，最后实现自己的理想。

克罗克向麦克唐纳兄弟讲述了自己目前的窘境，他又主动提出在当店员期间兼做原来的推销工作，并把推销收入的5%让利给老板，麦克唐纳兄弟见有利可图且又考虑到当时店里确实人手不足，便十分爽快地答应了他。

克罗克工作非常努力，每天都是起早贪黑，任劳任怨。很多人都说克罗克太傻了，然而他的这种敬业精神却在潜移默化地影响着麦克唐纳兄弟对自己的态度，他们越来越信任他。

见此情景，他也开始尝试着向麦克唐纳兄弟提出一些宝贵的建议，比如：改善营业环境，以吸引更多的顾客；实行配制份饭、轻便包装、送饭上门等一系列经营方法，扩大业务范围；还建议在店里安装音响设备，使顾客更加舒适地用餐等。

克罗克的这些建议果真奏效了，店里的营业额逐渐上升。麦克唐纳兄弟认为双方利益一致，于是便消除了对他的忌惮，后来对他更是言听计从。

至此，餐馆名义上仍是麦克唐纳兄弟的，但实际上餐馆的经营管理、决策权完全掌握在克罗克的手中。

在店里已经干了六个年头的克罗克终于觉得时机到了。他通过各种途径筹集到了一大笔款，然后跟麦克唐纳兄弟摊牌。

双方经过激烈的讨价还价，最终克罗克以二百七十万美元的价格，买下麦克唐纳兄弟的餐馆，由他独自经营。

克罗克入主餐馆后，经营、管理得更加出色，很快就以崭新的面貌享誉全美。

克罗克通过几年的等待终于一步步向成功逼近。

隐忍等待时机是想成功的人士经常使用的方法，因为没有一个人在刚开始的时候就有能力和别人抗衡的。循序渐进，隐忍等待，总有一天可以熬出头。

学会把梦想交给时间，在等待中寻找机会，相信熬过了冬天，又是一个美丽的春天。

把人生的绊脚石当成跳板

世事无常，我们随时都会遇到挫折。当我们碰到厄运的时候，当我们面对失败的时候，当我们承受重大灾难的时候，我们会怎样去面对呢？不要把自己禁锢在眼前的困苦中，眼光放长远一点，这样，无论遭遇什么坎坷和不幸之事，都可以将绊脚石转化为自己的跳板。当你看得见成功的远景时，便能走出困境，实现你的梦想。

内心充满希望，它可以为你增添一分勇气和力量，它可以支撑起你一身的傲骨。当莱特兄弟研究飞机的时候，许多人都讥笑他们，说他们是异想天开，当时甚至有句俗语："上帝如果有意让人飞，早就使他们长出翅膀。"但是莱特兄弟不理会外界的说法，终于发明了飞机。当伽利略以望远镜观察天体，发现地球绕太阳而行的时候，教皇曾将他逮捕入狱，命令他改变主张，但是伽利略依然继续研究，并著书阐明自己的学说，他的研究成果后来终于获得了证实。最伟大的成就常属于那些在大家都认为不可能的情况下，却能坚持到底的人。坚持就是胜利，这是成功的一个秘诀。

在一个偏僻遥远的山谷里的断崖上，不知何时，长出了一株小小的百合。它刚长出来的时候，和野草一模一样，但是，它知道自己并不是一株野草。它的内心深处有一个坚定的念头：“我是一株百合，不是一株野草。唯一能证明我是百合的方法，就是开出美丽的花朵。”它努力地吸收水分和阳光，深深地扎根，直直地挺着身体。

在野草和蜂蝶的鄙夷下，百合努力地吸收能量。百合说：“我要开花，是因为知道自己有美丽的花；我要开花，是为了完成作为一株花的庄严使命；我要开花，是由于自己喜欢以花来证明自己的存在。不管你们怎样看我，我都要开花！”

终于，它开花了。它那灵性的纯白和秀挺的风姿，成为断崖上最美丽的风景。每年春天，百合努力地开花、结籽，最后，这里被称为“百合谷地”。因为这里到处是百合。

百合没有屈服于逆境，而是坚持开出了花朵，实现了自己的愿望。我们生活在一个竞争十分激烈的社会，有时在某方面一时落后，有时困难重重，有时失败连连，甚至有时被人嘲笑……无论什么时候，我们都不能放弃努力；无论什么时候，我们都应该像那株百合一样，努力绽放自己。

生活中，暂时的落后一点都不可怕。人生的失意、挫折、失败对人是一种考验、是一种学习、是一种财富。我们要牢记“勤能补拙”，这既能帮助我们正确认识自己的不足，又能让我们放下包袱，以最大的决心和最顽强的毅力克服这些不足，弥补这些缺陷。人的缺陷不是不能弥补，而是看你愿不愿意改变。只要下定决心，讲究方法，就可以弥补自己的不足。

在不断前进的人生中，凡是看得见未来的人，也能掌握现在，因为明天的方向他已经规划好了，他知道自己的人生将走向何方。平凡人总是把挫折当成挫折，当作自己前进的绊脚石，而非凡的人把人生中的挫折当成自己的跳板，借助跳板，跨越到更高的地方。所以，留住心中的“希望种子”，相信自己会有一个无可限量的未来，心存希望，任何艰难都不会成为我们的阻碍。

第五章

每个人都在踽踽独行

一杯茶中的莲塘：慢慢过自己的生活

很多时候我们忘记了好朋友的生日，忘记了亲人的纪念日，每天想着的就是看不到尽头的房贷，繁琐的人情往来，职场上的竞争。我们的生活被物质充斥，我们的理想也都变得物质化了，我们急着赶路，跑得气喘吁吁都不愿停歇。

看着世上有许多人忙碌了一辈子，但他们究竟为谁辛苦为谁忙，到头来自己都想不清楚。依照老子的观点，若想生活得充实而从容，只需记住两个字——徐生。所谓“徐”，就是缓慢的意思，只有明明白白、充满意义的“动之徐生”，才能心平气和、生生不息。南怀瑾先生强调，“动之徐生”是做人做事的法则，佛家要人做一切事都不暴不躁，不乱不浊，一切悠然“徐生”，态度从容，怡然自得。

人生不能一味地急于求成，正所谓“饭未煮熟，不能妄自一开；蛋未孵成，不能妄自一啄”，人间万事都有其道。“慢慢来”是平稳心境该有的步调，而这里说的“慢”并非代表着懒散、消极、低效率。

人们常说，慢工出细活，笨鸟先自飞。万物都是平衡而有序的，当你急切地想要某件事情成功时，也许你恰恰背离了它成功的条件。许多事与物都需要时间的雕琢，才能变得更完美。千万不要怕生活的节奏慢下来，就会与社会脱节，要知道：做事过于焦急，会令我们失去喘息的机会，到最后反而容易窒息。在急于求成的人面前，事情常会让人措手不及。当我们感到疲累的时候，不如静下心来，放慢脚步，欣赏沿途风光的秀美，春花的蓬勃灿烂、夏雨的猛烈果断、秋月的寂寥淡远、冬雪的晶莹无瑕、小溪的吟唱、蟋蟀的弹奏、鸟儿的放歌……这样令人灵魂为之震撼的美如果与我们擦肩而过，将是多么可惜的事情。

在人生路上慢慢地行走着，用一颗求索的心，用一份悠然淡泊的神思，看一看世间百态，品一品人生甜苦，听一听鸟叫虫鸣，嗅一嗅芳草鲜花，不需做高深的评论，只需用心去感受，去领悟，你就会发现生活是如此多彩。

有一个这样的故事：父子俩一起耕作一片土地。他们会把粮食、蔬菜装满老旧的牛车，运到附近的镇上去卖。但父子俩相似的地方并不多，经常有分歧。老人家认为凡事不必着急，年轻人则性子急躁、野心勃勃。

这天清晨，他们又一次运货到镇上去卖。儿子用棍子不停催赶牛车，要牛走快些。

“放轻松点儿，儿子，”父亲说，“这样你才会活得久一些。”

可儿子还是坚持要走快一些，以便能赶上好时候，卖个好价钱。

快到中午的时候，他们来到一间小屋前，父亲说要去和屋里的弟弟打招呼。儿子催促父亲继续赶路，但父亲坚持要和好久不见的弟弟聊一会儿。

又一次上路了，儿子认为应该走左边近一些的路，但父亲却认为应该走右边有漂亮风景的路。

就这样，他们走上了右边的路。赶路时，儿子对路边的草地、野花和清澈河流视而不见，只顾闷头往前走。最终，他们没能在傍晚前赶到集市，只好在一个漂亮的大花园里过夜。父亲睡得鼾声四起，儿子却毫无睡意，只想着赶快赶路。

第二天一早，父子俩继续赶路。途中，父亲又不惜“浪费时间”帮助一个农民将陷入沟中的牛车拉出来。这一次，儿子气愤异常，对父亲一再“耽误时间”感到不可理解。

他认为父亲对看日落、闻花香、帮助别人比赚钱更有兴趣，当他开口抱怨时，父亲语重心长地对他说：“放轻松些，这样你才可以活得更久一些。”

到了下午，他们终于走到了可以俯瞰城镇的山上。两人站在那里，望着山下的人来来往往，各自奔忙，很久都不发一言。

突然，儿子把手搭在父亲肩膀上，说：“爸，我明白您的意思了。”

他默默地把牛车掉头，离开了原来的地方。

很多时候，我们就和故事中的这个青年一样，在人生中不断地奔跑，奔着下一个目标不断地奋进。我们的生活被一个又一个目标所占满，心里、眼中也只剩下目标。然而，只有回头的时候，才会发现过程实际上也十分美妙。

大千世界，物欲横流，人追逐的目标越来越大，对物质的需求越来越多。人被欲望牵着，从一个“战场”转战到另一个“战场”。脚步日益沉重，心灵日趋疲惫。甚至有些人为满足难填的欲壑，不惜铤而走险，以身试法。

一位智者说得好：“人生，走走停停，看人潮拥挤，爱了，哭了，散了——都是回忆。”不管那“哭”、那“散”给我们留下了多么深的创伤，留下的回忆是否美好，那也是我们弥足珍贵的东西，毕竟在你经历过以后会有一种非常重要的并且很深的感悟，就像“天空没有留下飞鸟的痕迹，但我已飞过”。那是一种超然的境界。在那些超然境界中，你会发现成长的惊喜，你会觉得你原来是那么可爱。

生活需要一杯清香的茶，更需要我们在这杯茶中发现一片“莲塘”。每天早晨出来呼吸着新鲜的空气，给自己泡一杯茶，听一首优美的曲子，抑或在休息的时候给朋友送去自己亲手包的饺子，或者陪着父母坐在电视机前拉家常，又或者一家三口一起去海边游玩，让心灵得到极大的放松……生活本就可以这么过，只是平时我们都太紧张了，而忘记了慢慢体会幸福的味道，我们大可以轻松一些，活得更洒脱一些，做事不必急躁，慢慢地走，慢慢地看，你会发现原来生活真的很美好。

只要你简单，世界就会对你简单

简单，是平息外部无休无止的喧嚣，回归内在自我的唯一途径。外界生活的简朴将带给我们内心世界的丰富。自由自在地生活在人世间，为每一次日出、草木无声地生长而欣喜不已，不在生活的表面游荡不定，而是深入进去，聆听生活本质的呼唤，让生活变得更有意义。

有人说，在这个时代里，我们不再自然，不再简单。也有人说，我们要求的只是那一点心灵的舒适，对于生命，我们要求的并不多。可是，我们不肯舍下那么重的负担，那么多柔软又坚韧的网，却抱怨人生的劳苦愁烦。明明自己住在一颗星球上，为何看不见它的光芒呢？

我们大多数人的一生就是为欲望所左右，而渐渐失去了本真。对一个纯粹的人来说，他所需的并不多。纵使良田万顷，广厦千间，一个人一辈子能享受的东西实在太少了。生活是否幸福又怎能由物质财富决定？何况对于物质财富，人们的欲望是无穷的，永远难以满足的。

许多人说，外在的身体都不重要，境由心造，一念之间，一花一世界，一沙一天堂。我们一生不断在追求，总觉得幸福遥不可及。不知那朵花啊、那粒小小的沙子，便在你的窗台上。如果一直疲于奔忙，又怎能注意到这平凡的美好呢。

古希腊哲学家第欧根尼反对人们无休止地追逐欲望，崇尚简单自然的生活。

第欧根尼在市场里放了一个大木桶，他晚上就睡在那里面。有人指责他生活在肮脏的环境中，他却回答说："太阳也光顾臭水沟，却从未被玷污。"有一天，第欧根尼看到过路人用手捧水喝，于是他把水杯摔碎了。又有一天，他看到别人用面包片卷着菜吃，他就把饭碗扔了。第欧根尼抛弃了所有不必要的东西，只留下一根拐杖、一件破衣服和一个讨饭袋。

据说，第欧根尼"像狗一样"活到了八十多岁。他的门徒在他的坟墓前立了一座狗的雕像，纪念他自由的一生。对于第欧根尼来说，什么是有意义的生活？是自然的生活，不为财富和欲望所累的生活。

第欧根尼用自己的实际行动向人们阐释了什么才是真正的生活。他无所欲求，饿了就吃、渴了就喝、累了就睡，不追求身外之物。他追求的是自然的生活，抛开那些造作虚伪的作风，摆脱那些繁文缛节和奢侈享受，不被物质束缚，获得心灵的自由。

我们由人群中而来，再回到人群里去。明知生是个体，死是个体，但是我们不肯探索自己本身的价值，过分看重他人在自己生命里的参与。于是，孤独不再美好，失去了他人，我们惶恐不安。

于是，人类顺其自然地受捆绑，为衣食住行终日劳作，为维持人际关系日复一日地应酬，终于，健康丧失，心灵蒙尘。我们不再怀念稻谷单纯的丰美，也不熟悉蔬菜的清香。我们不明白穿衣服只是使我们免于受冻。灵魂，在这一切的拘束下，不再明净，感官退化。

我们往往这样赞颂现代人的智慧：从别人简单的一句话就会看出他“暗藏的心机”，从人的穿着打扮就可以看出他的品位，甚至一个眼神就能看出他的心思。然而，我们自以为的聪明也许只是一种负担。正是这样的负担，让我们看到困境，也会看到种种可怕的不如意，所以心生胆怯。实际上，不如意的人生比比皆是，如果看淡一点，就没有什么能够打扰你，你会很泰然、很宁静。

正如三毛曾经说过的一段话：“我避开无事时过分热络的友谊，这使我少些负担和承诺。我不多说无谓的闲言，这使我觉得清畅。我尽可能不去缅怀往事，因为来时的路不可能回头。我当心地去爱别人，因为比较不会泛滥。我爱哭的时候便哭，想笑的时候便笑，只要这一切出于自然。我不求深刻，只求简单。”

当我们返璞归真，就会在早晨醒来时没有那么多迷茫感。

我们不吃油腻的东西，我们不过分饱食，这使我们的身体健康。我们不做不可及的梦，这使我们的睡眠安恬。我们不穿高跟鞋折磨我们的脚，这使我们的步子迈得更加悠闲稳当。我们不跟潮流走，这使我们的衣服常新。我们经常活动四肢，这使我们健康敏捷。我们避开无事时过分热络的友谊，这使我们少些负担和承诺。我们不多说无谓的闲言，这使我们觉得清畅。我们尽可能不去缅怀往事，因为来时的路不可能回头。我们当心地去爱别人，因为比较不会泛滥。我们爱哭的时候便哭，想笑的时候便笑，只要这一切出于自然。

当我们每个人都这样自然而简单，那么世界还会有多复杂呢？

带上我的恋歌，你迎风吟唱

如果要评出历史上被各种电影使用次数最多的乐曲的话，“卡农”肯定是当之无愧的冠军。《我的野蛮女友》《爱有天意》《凡夫俗子》……许多电影里催泪的桥段，都伴随着卡农的悠扬婉转，如泣如诉。其实，卡农并非曲名，而是一种曲式，是一种音乐谱曲技法：一个声部的曲调自始至终追随着另一声部，数个声部的相同旋律依次出现，交叉进行，互相模仿，互相交织、缠绕、追逐……直到最后一个小结，最后一个和弦，它们才终于融合在一起，不再分离……这种缠绵婉转的音乐，就如同一个婉转唯美的爱情故事，两个人相偎相依，不离不弃……

而我们常说的卡农，其实是德国音乐家帕海贝尔以此技

法创作的 *Canon in D*（D 大调卡农）。只是由于这首乐曲实在太有名，所以人们就直接称它为“卡农”。说到这首让无数人蓦然安静，悄然沉醉的乐曲，就不得不提关于它的一个同样令人心碎的故事。

1653年9月1日，帕海贝尔出生于德国纽伦堡，在那个战乱频繁的年代里，帕海贝尔从小就四处流浪。十多岁时，他流浪到了英国的一个小村庄，村庄教堂的一个琴师看他可怜，便收养了他。时间久了，耳濡目染之下，帕海贝尔也学会了弹钢琴，时不时还能即兴创作一些动听的曲子，这让琴师十分惊叹。

帕海贝尔所在的村庄隔壁，有一个镇子，镇上有一个有钱有势的家族，但他们家族最令人称道的不是金钱和权势，而是家里的小公主——芭芭拉·盖布勒。芭芭拉是镇上最漂亮的姑娘，追求者络绎不绝。但芭芭拉自从到教堂听了帕海贝尔弹的曲子，就没再看过其他追求者一眼，她深深地爱上了这个默默无闻的弹琴的小子。但木讷的帕海贝尔心里只有音乐，压根就没注意到芭芭拉眼里的爱慕。害羞又“恨铁不成钢”的芭芭拉最后想了个妙招——学钢琴！她很快就说服了家里让她每周去教堂学钢琴，而帕海贝尔也乐意收下这个一脸诚恳地说热爱音乐的徒弟。

然而，师徒二人的相处并不愉快。芭芭拉的音乐天分并不算高，加上她本来的目标就不是弹钢琴，而是帕海贝尔，所以琴技一直没有多大进步。这让对音乐孜孜以求的帕海贝尔大为恼火，每当他看见芭芭拉摆出一副大小姐模样，一会儿喊累，一会儿喊无聊时，便忍不住一顿批评教育。委屈的芭芭拉虽然很不甘，但还是一直跟着帕海贝尔学钢琴，希望他总有一天能明白自己的心意。

但是，帕海贝尔是“榆木疙瘩”一个，他在一次又一次失望之后对芭芭拉说：“你走吧，我看得出来，其实你并不喜欢弹钢琴，你还是去做你喜欢做的事吧！”芭芭拉听后伤心不已，但她还是不好意思向帕海贝尔表白，倔强的她最后认真地说道：“谁说我不喜欢？！我回去一定会好好弹琴，半年后，我要在镇上一年一度的钢琴比赛里拿第一！”

为了向心爱的人证明自己，芭芭拉在这半年里勤奋地练习着，饿了就让用人送些吃的，困了就趴在琴上睡一会儿。就这样，爱情的力量让芭芭拉的琴技突飞猛进，半年后，她如愿以偿获得了钢琴比赛的冠军。芭芭拉兴奋地拿着奖杯去找帕海贝尔，经过这半年的相思，她已经下定决心向帕海贝尔表白了。可等她到了教堂才发现，帕海贝尔已经被征兵，前去打仗了。芭芭拉失落地拿着奖杯，喃喃地说：“帕海贝尔，我等你回来！”

转眼三年过去了，芭芭拉每天在忧郁的琴声中等待着心爱之人的归来。这期间许多人上门求婚，都悻悻而归，芭芭拉的父母也拿她没办法。镇长的儿子也看上了芭芭拉，为了让芭芭拉断了对帕海贝尔的念想，他便托人找了一具已经无法分辨容貌的尸体，告诉芭芭拉这就是战争中不幸身亡的帕海贝尔。望着“帕海贝尔”的尸体，芭芭拉仿佛被抽空了一般，她默默守着尸体三天三夜，谁劝也没有用。就在第三天晚上，她跑到当时帕海贝尔教她弹琴的教堂里，割腕自杀了。

其实，帕海贝尔并没有死，而且，在芭芭拉离开他的半年里，他已经发现自己有点儿离不开这个淘气的小公主。他发现自己当初只是因为教琴过于认真，才让生气盖过了自己对她的喜欢，他也终于发觉芭芭拉其实也是喜欢自己的。不懂如何表达的帕海贝尔便打算写一首动人的情歌作为向芭芭拉求婚的礼物，只是，当乐曲只完成了1/3的时候，他便被征兵入伍了，在战火纷飞中，他越发思念芭芭拉，便在每次休整的闲暇，用浓浓的思念，完成了乐曲剩下的2/3。

就在芭芭拉自杀后的第二个月，战争结束，帕海贝尔回来了。当他得知了所有事后，忍不住号啕大哭：为何天意如此弄人！之后的一次礼拜时，帕海贝尔召集了镇上的所有人，他强忍着泪水，第一次弹出了这首完整的《D大调卡农》，在这交织着太多思念和不舍，却又美到极致的琴声里，所有人都流下了感动的眼泪……

每个用心听过这首乐曲的人都会知道，只有最深沉而真挚的情感，才能孕育出如此动人的旋律；其实，这个故事的真实性一直以来都有争议，有人说，芭芭拉其实是死于瘟疫，有人则说死于难产……但不管事实如何，只有满满的泪水，才能浇灌出醉人的音符。

青春是很多人生命中最美的旋律，而在激昂的主旋律下，那温柔婉转的爱恋之歌也是必不可少的组成部分。也许我们会在青春的爱恋里受伤，但就像那句印度箴言："热烈而深沉地爱吧！也许你会受伤，但这是使人生完整的，唯一方法。”所以，青春的你我他，不论是亲情、友情，还是爱情，都勇敢地拥抱吧！

每个人都在踽踽独行

2004年自脸书（Facebook）横空出世以来，人和人之间惯有的交往模式被深刻地改变了。这种虚拟的人际关系社区甚至被誉为21世纪最伟大的“发明”。只是，当一个人可以在脸书上轻易地拥有成百上千个“好友”时，朋友对他而言，意味着什么呢？这种困惑和现实生活里的人际关系惊人地相似：当我们不断参加各种聚会，在热闹和喧嚣中认识越来越多的朋友时，我们的内心，却似乎更加寂寞和不笃定了。正如以脸书创始人马克·扎克伯格为原型的电影《社交网络》中所表现的：在脸书上，马克拥有一百多万个“好友”，但在现实中，他最好的朋友却在起诉他。仔细想想，这个悲剧虽然只属于马克，但这样的悲哀，却属于我们很多人。

法国哲学家布莱斯·帕斯卡曾说过："所有人类的问题，都是起源于无法一个人安静地坐在房间里。"这样的概括虽略显武断，倒也贴合现代人，尤其是城市人的内心。许多时候，我们正是因为无法一个人安静地坐在房间里陪着自己，才会忍不住跑到各种聚会里去寻求一群人的陪伴，以期在觥筹交错间忘记流逝的时光，在欢声笑语里稀释琐碎的烦恼，在人声鼎沸中淹没延绵的寂寥……

只是，这样的陪伴、这样的热闹，往往并不完全属于你一个人，或者说，你压根就无法完全拥有它。因为正像歌里唱的："孤单是一个人的狂欢，狂欢是一群人的孤单。"当一群人因为各自的孤单而聚在一起狂欢时，谁又愿意把时间浪费在聆听他人的寂寞上呢？大家都是来排解寂寞的，自然没人愿意充当"知心姐姐"。这就难怪人们会感慨"外面越热闹，内心越寂寞"了，因为缺乏听众的寂寞，只会加倍孤单。

外界的热闹和喧嚣并不能剪除我们内心寂寞的杂草，更不能帮我们采撷到幸福的花朵。这个道理显而易见，只是我们大多选择了视而不见。此刻，我们不如暂缓一下被寂寞驱使的匆匆脚步，轻轻俯身，去仔细拨弄一下我们的生活，看看那一丛表面的绿色下，究竟藏着多少一直在蒙蔽我们心灵的尘垢。

让我们试着抛开那些平日给我们带来快乐和满足的美食、电视剧、闲聊、聚会……让我们仔细辨认一下，看看我们究竟是真的喜欢那些东西，还是仅仅因为它们打发了我们的胃、眼睛和一段空虚的时光。结果令人遗憾，但并不让人意外：

大部分人都是因为后者，即因为自身的欲望、空虚和无聊。也正因为如此，我们才会不断地尝试新奇的食物，寻求更新的节目，渴求更多的聚会和朋友……当然，结果也只能是更加无聊和寂寞。

我们为何不能虔诚地享受生命的馈赠，怀着恭谨与喜悦去和食物进行最自然的互动呢？我们为何不能耐心、用心地去聆听朋友的故事，尝尝那些远比肥皂剧更有营养的真实的欢笑和眼泪呢？我们为何不能单纯地因为自己的爱憎而选择朋友，因为自己的好恶而选择聚会或闲聊的内容呢？匆匆生命，我们为何总是不能尽兴？

一时的繁华和热闹，竟成了一世的芜杂与烦恼。

其实，我们的寂寞和烦恼也不见得就完全来自于外界的纷扰。在真正的智者看来，我们的人生就如同一次漫长的行程，纵然可以时常呼朋引伴，也能久久地从家人温暖的关切中获得心安，但总有一些时候，我们会在喧嚣里突然沉默，会在人群中茫然无措，会在这繁花似锦的年代、风华正茂的年纪，蓦然感到一丝凄凄与戚戚。这也许是人与生俱来的特质之一，如果不算严重的话，便可不必理会。只是，当我们的内心没有被喜悦而祥和的感觉充盈时，寂寞和浮躁就很容易冒出头来，兴风作浪。有人说："心，因为空无一人，才显得兵荒马乱。"也许就是同样的道理吧。那些不经意的、细小的哀愁与伤感，我们往往过目即忘，可它们残余的寂寥感却久久地挂在我们的睫毛上，等我们在人群中稍一转身，在镜子前稍一眨眼，那浓郁的孤独感就趁机"入侵"，瞬间打湿了我们的眼睛。

幸运的是，这恼人的眼泪虽然模糊了我们眼里的世界，却也清晰了我们心里的自己。当周围的喧嚣渐渐褪去，当我们偶尔也如朱自清一样轻叹“热闹是他们的，而我什么也没有”时，当我们对那些包裹着我们的声音和色彩慢慢感到陌生时，也许我们对自己渐渐熟悉起来了。这样的我们，离纯粹还有一点儿距离，但离纯真，却已经很近了。其实回头想想，我们岂是无法拥有那样的热闹？我们只是不愿去拥有罢了。

毕竟，当我们踮起脚去追逐那些轻飘飘的热闹时，也就无暇俯身去捡拾生命里那些安静的美好了。

青春是一个流连于游乐场的孩子，在热热闹闹中享受欢声笑语，但它同时也是游乐场里孤独的旋转木马，看着人来人往，自己却无法从这热闹的寂寞里逃离。青春的我们虽然向往热闹，但寂寞和孤独，却又总是如影随形。在你关灯打算睡觉的时候，在你跟朋友玩了一天说再见的时候，在你一个人走在人群里的时候，孤独、寂寞，也许就这么突然来了。

其实，在灵魂最深处每个人都在踽踽独行。这样一说，其实寂寞就没什么可怕了，就像每个人必须吃饭睡觉一样，每个人都同样孤独，每个人还是得过自己的生活，好好过自己的生活。

洗净铅华写青春

关于人生，每个人都有自己不同的期许，但大部分人都不会否认：自己所追求的，应该是让自己幸福。可是不是因为我们“出发了太久，以至于忘了当初为何出发”？我们现在不妨静下心来，问问自己：“我所说的幸福，究竟是什么意思？”

如果我的幸福来自于一些人和事的陪伴，那幸福的遥控器，岂不是一直握在别人的手里？

殊不知，当我们因为寻求幸福而排斥孤独时，我们恰恰错过了通往幸福的捷径——孤独。在一个人内心的长久孤独和寂寞里，原本喧闹的事物会随着时光的流逝褪去它原有的色彩，甚至连保存那些事物的时光本身，也渐渐褪去了颜色，不过也许“褪了色的时光，才是时光原本的颜色”。我们正好可以在寂寞里看到一切原本的色彩，包括我们自己曾无比珍视的过往。同时，真正的寂寞在让一切喧嚣华丽褪色的同时，也会让一些更有分量的东西慢慢浮现于我们的生命之河中，越发清晰、越发明媚动人……也许这些东西才是真正支撑着我们的生活，滋润着我们渴望在尘世获得幸福的“媚俗”之心。

有一个数据也许能让我们对寂寞的“美好”有更深的体会：曹雪芹写《红楼梦》用了十年，司马迁写《史记》用了十五年，托尔斯泰写《战争与和平》用了三十七年，歌德写《浮士德》用了六十年……我们一般会惊叹于先贤们的决心和毅力，但我们不妨走得再近一些，试着去轻触他们生命里那些真实而生动的纹理，看他们在那样漫长的孤独里，是如何将自己酿成一杯清茗，在那些踽踽独行的日子里细呷慢嘬，于那些伏案疾书的灯盏下轻啜深饮，直到岁月从青涩变得成熟，他们才起身，将那饱满而醇香的孤独，一饮而尽。也许这才是他们能够坚持这么久只为完成一部著作的原因。因为他们不是在坚持，而是喜欢；他们也不是寂寞孤独，而是幸福满足。

其实，我们没必要真的像那些伟大的先贤一样，将长久的寂寞酿成一杯醉人清茗，我们只需要偶尔静下心来，听听寂寞的歌声，赏赏孤独的舞步。

波澜万丈的生活激荡人心，令人心驰神往，但在人生的河流中，更多的是平静。我们总要学会一个人慢慢地享受人生，总会有那么一个时刻，我们是孤独无助的。但不要害怕，因为这本身就是人生给我们的馈赠，正如罗曼·罗兰所说："世上只有一个真理，便是忠实人生，并且爱它。"那么，当孤独来临时，去体味它、享受它，在欣赏完夏花的绚烂之后，不妨沉下心来，品读秋叶的静美。

我们不妨来学学精神瑜伽：一个人独处的时候，把思维集中在两眼的中间位置，想象你窥见灵魂中心，中心被白色的光所包围，倾听灵魂深处发出的声音。当你坐在那儿时，你可以想象很多事情。此时，你的心也许是朵缓慢开放的鲜花。你还可以在想象中到达你所期望到达的一个安静的所在，那是一片远离了人群的白色海滩，或者是一座山中的小木屋。

你还可以用念祷文的方式来集中精力。任何你认为重要的词语都可以当作祷文，像"爱""平静"，以至于像人人都叫得出的"呼""吸"。如果你心里不断重复同一句祷文，你也就可以借此使思维活动集中起来，或者将杂乱无章的思绪从头脑中清除出去。

在这寂寞的歌声里，在这精神的畅游中，也许我们慢慢就会看见那个真实的自己。大多数人都向往去西藏那样的圣地获得心灵的净化，其实，我们只要找个僻静的地方，甚至在家里就能做到。你可以在家里为自己辟出一个清静的地方，安排一个夜晚，独自一人静静地待在家里，有可能的话，再去为自己安排一个一人独享的安静的周末。

坐在桌前，焚一炉檀香，泡一壶清茶，翻一本喜爱的图书，感受久违的纸墨清香。当然，如果你愿意，也可以什么也不干，只是坐在那里。在那份长久的宁静中，孤独和寂寞就会像个沉默少言的朋友，悄然来到房间里陪你坐下。它们虽然不会给你谆谆教导，却会引导你反思生活的本质和生命的真谛。

除了那些刻意安排的独处时分，我们应该更多地注意那些随时停留的心情。如果可以，我们不妨学着停下匆匆的脚步，低头或仰望。当云霞落在天空的怀抱，开得如此温柔，我们是否也该给自己或身边值得珍惜的一切一个温暖的拥抱？深吸一口气，你或许会觉得，这样的从容让自己的心灵仿佛被一泓清泉洗涤，变得清澈明亮。

过去的终将过去，未来的必会到来。孤独寂寞到了极致，终将遇见生命的深刻；经得住繁华，转过弯，看到的，是花开成海。

热闹需要外求，而寂寞却随时与你同在。古人云："居不幽者思不广，形不愁者思不远。"即智高者需要静静地同自己的心灵对话，要忍受得住孤独和寂寞。其实，寂寞何须忍受？它的歌声原是如此美妙动人。在你需要时，它便轻轻地来到你身边，静静地听你倾诉心声。它能为你保守秘密，虽然它无言无语，却能让你更好地认清自己。它不会对你指手画脚，却能让你更加自信地走好人生的下一步。

如何寻回自己丢失的心

诗人纪伯伦曾说：我们已经走得太远，以至于忘记了为什么而出发。当我们的心灵在尘世中被污染，被错误地引领，累了倦了后，我们该如何将自己早已丢失的心收回呢？

天高海阔，在自由宁静的空间，我们常常能够找到适合心灵的栖息地。在这样的环境里，我们摆脱压力，将生活中的烦恼与包袱抖落一地，剩下的只有内心的平静和轻松前行的勇气。内心的平静是智慧的珍宝，它和智慧一样珍贵，比黄金更令人垂涎。如今，越来越多的人开始追求内心的平静，他们通过各种沉思冥想训练自己，让注意力在宇宙间游走，不被焦虑所困。伊斯华伦在他的书《征服心灵》中说："在深沉的冥想中，我们的心灵是静止、宁静而澄静的。这是我们童稚时期的天真状态，借此我们才知道自己是谁，以及生命的目的是什么。”

人治学、做人，不仅需要战战兢兢的严谨，同时也需要洒脱自在的怡然，对此，老子也有几个诗意的比喻，“涣兮若冰之将释”“敦兮其若朴”“旷兮其若谷”。

春暖花开，冰消雪融，阳光普照大地，一如圣人的胸襟气度，潇洒与自得。不但如此，一个修道人的一言一行、一举一动，还应该厚道老实、朴实无华，仿佛一块璞玉，状如顽石，内在晶莹剔透，又如一方原木，表面其貌不扬，实则是上等沉香。

“旷兮其若谷”形容思想的豁达、空灵。修道有成的人，脑子清明空灵，如同空荡的山谷，回音萦绕。只有心境永远保持空灵，才是真正的七窍玲珑。

在《庄子·逍遥游》中，庄子说了这样一个故事：

> 一天，惠子对庄子说：“魏王送我一颗大葫芦种子，我将它培植起来，结出一个容积有五石的大葫芦。用大葫芦去盛水吧，它的坚固程度承受不了水的压力；把它剖开做瓢吧，又太大了，没有什么地方可以放得下。这个葫芦那么大，却没有什么用处，我就把它砸烂了。”庄子说：“先生实在是不善于使用大的东西啊！宋国有一户善于调制不皲手药物的人家，世世代代以漂洗丝絮为职业。有位游客听说了这件事，愿意用百金的高价收购他的药方。全家人聚集在一起商量，他们世世代代在河水里漂洗丝絮，所得的钱不过数金，如今一下子就能卖得

百金，就把药方卖给他吧。游客得到药方，来游说吴王，让其操练水军。正巧越国发难，吴王派他统率部队，靠着这一奇妙的药方，他们冬天跟越军在水上交战，大败越军，吴王划分土地封赏他。能使皮肤不皲裂的药方是一样的，有的人用它来获得封赏，有的人却只能靠它在水中漂洗丝絮，这是使用的方法不同。如今你有五石容积的大葫芦，怎么不考虑用它来制成小舟，浮游于江湖之上，却担忧葫芦太大无处可容？看来先生你的心真是被蓬茅堵住了啊！”

心界决定眼界，更决定世界。庄子拿自己的朋友做标靶，一句蓬心骂尽天下人。

心境不空之人，便是庄子口中“蓬茅塞心”之人。人心不应被蓬茅堵住，而应海阔天空，空旷得纤尘不染。道家讲“清虚”，佛家讲空，空到极点，清虚到极点，智慧自然高远，正所谓“打破冥顽须悟空”。

唐朝江州刺史李渤问明道禅师：“佛经上所说的‘须弥藏芥子，芥子纳须弥’未免失之玄奇了，小小的芥子，怎么可能容纳那么大的一座须弥山呢？有悖常识，是在骗人吧？”明道禅师闻言而笑，问道：“人家说你‘读书破万卷’，可有这回事？”“当然！我岂止读书万卷？”李渤一副得意洋洋的样子。“那么你读过的万卷书如今何在？”李渤抬手指着头说：“都在这里了！”明道禅师道：“奇怪，我看你的头颅只有一颗椰子那么大，怎么可能装得下万卷书？莫非你也骗人了吗？”李渤听后，当下恍然大悟。

只拘泥于一种形式，只会让心灵关闭、固执己见、自以为是；开通心窍，才能融会贯通。

借用《菜根谭》中的一句话："此身常放在闲处，此心常安在静中。"面对竞争激烈、杂务缠身的现实生活，人们常会觉得压力沉重，心境失衡。如果我们能够让自己的心静下来，常常聆听来自内心的声音，我们的工作和生活就会达到一个新的境界。

无从抉择时，那就顺其自然

有人说，如果有太多的选择让我们无从抉择，那就顺其自然，有时候，不选择也是一种选择。的确，许多时候，当纷繁复杂的事情一起袭来时，顺其自然也不失为一种绝佳之法。

有一年，建筑大师格罗佩斯设计的迪士尼乐园经过三年的精心施工，马上就要对外开放了，然而各景点之间的路该怎样连接还没有具体方案，格罗佩斯心里十分焦躁。巴黎的庆典一结束，他就让司机驾车带他去地中海海滨。

经过法国南部的乡间时，这里漫山遍野都是当地农民的葡萄园。当他们的车子拐入一个小山谷时，他们发现那儿停着许多车子。原来这是一个无人看管的葡萄园，你只要在路边的箱子里投入八法郎就可以摘一篮葡萄上路了。据说这是当地一位老太太的葡萄园，她因无力照料而想出了这个办法。谁知道这样一来，在这绵延上百里的葡萄园里，总是她的葡萄最先卖完。这种给人自由、任其选择的做法使大师深受启发。

一返回施工地，他便给施工部下达命令：撒上草种，提前开放。

在迪士尼乐园提前开放的半年里，草地被踩出许多小道，这些踩出的小道有宽有窄，优雅自然。第二年，格罗培斯让人按这些踩出的痕迹铺设了人行道。

1971年，在伦敦国际园林建筑艺术研讨会上，迪士尼乐园的路径设计被评为世界最佳设计。

这就是顺其自然的魔力。在生活中，那些懂得顺其自然的智慧的人，一定是豁达而内心自由的人。

《庄子·内篇·养生主第三》中有一段公文轩与右师的对话。“公文轩见右师而惊曰：‘是何人也？恶乎介也？天与，其人与？’曰：‘天也，非人也。天之生是使独也，人之貌有与也。以是知其天也，非人也。’”

这段文字的大概意思是：公文轩见到右师大吃一惊，说：“这人的模样怎么是这样，怎么只有一只脚呢？是天生就这样呢，还是后来人为造成的？”右师回答说：“天生就这样，不是人为造成的。人的外貌正常情况都是对称成双，但是我一出生，上天就只给我一只脚，由此可知是天生的，不是人为的。”

文中的右师在解释自己的残疾时说：“这是天然的。”这里的“天”并不是宗教里所宣传的东西，而是“自然”的意思。

“自然”给我生命，给我一只脚，要让我用一只脚活着，那么我就用一只脚活着。右师的行为、言语解释了什么叫作“顺其自然”。

“人之貌有与也”，这句话告诉我们一个深刻的道理，人的相貌是相对的，外形不能妨碍我们独立的人格，每个人要有自己的生命价值，人活着要顺其自然，不要受任何外界环境的影响。正如右师所说：“我懂了这个道理，因此我答复你，这是天命！不是人为的，是自然的。”

一个农民从洪水中救起了他的妻子，他的孩子却被淹死了。事后，人们议论纷纷。有人说他做得对，因为孩子可以再生一个，妻子却不能死而复生。有人说他做错了，因为妻子可以另娶一个，孩子却没法死而复生。

这件事情传到了当地的寺院里。寺里的一个小和尚听了以后便去问农民为什么选择救妻子。农民告诉他，他救人时什么也没想。洪水袭来，妻子在他身边，他抓起妻子就往山坡的方向游。待返回时，孩子已被洪水冲走了。

自然是一种最睿智的生活方式，这个农民如果进行一番抉择的话，事情的结果会怎样呢？洪水袭来，妻子和孩子被卷进旋涡，片刻之间就会失去性命，而这个农民还在进行抉择，妻子重要还是孩子重要？

一生中，许多时候，我们并没有机会和时间进行抉择。抉择十分困难，也十分简单，困难在于你总是把抉择当作抉择；简单在于你别去考虑抉择问题，遵循生命自然的方式。

所谓顺其自然，就是“枯萎的随它枯萎，繁荣的任它繁荣，随顺自然”。在现实中有许多事情不可强求，比如事业、情感等。但人们远大的理想会随时提醒自己努力追求，执着于不是自己能力所能达到的目标，如果人们整日处于“患得患失”的状态，那么便注定生活在不安、烦躁中，也注定无法体验种种追求目标过程中的快乐！

赵州禅师语录中有这样一则：

问:“白云自在时如何？”

师云:“争似春风处处闲！”

意思就是，天边的白云什么时候才能逍遥自在呢？当它像那轻柔的春风一样，内心充满闲适，本性处于安静的状态，没有任何的非分追求和物质欲望，放下了一切，它就能逍遥自在了。白云如此，人亦然。

生活中常常是人们付出努力但是事业无成，目标也无法实现，所以，就需要我们学会顺其自然，造化常弄人，又何必对那些聚散不定的事情太过认真呢？面对人生，我们应当有一种闲看云卷云舒、花开花落的心境，保持一种从容自在的人生态度，既要正视生活中的悲欢离合，做到宠辱不惊，也要正确定位自己的人生坐标，做到自在随意。